WISSENSCHAFTLICHE JUGENDKUNDE

ERGEBNISSE UND DOKUMENTE

HERAUSGEGEBEN VON W. HAGEN UND H. THOMAE

Heft 11

Blutdruck und Puls im Schulalter

Ergebnisse aus Längsschnittuntersuchungen
an 2000 Jugendlichen von 10-16 Jahren
Parameter für Ruhe und Funktion
Sexualdifferenzen — Gruppenunterschiede

von

Gisela Mansfeld

19 65

SPRINGER-VERLAG BERLIN HEIDELBERG GMBH

Veröffentlichung der
Wissenschaftlichen Arbeitsgemeinschaft für Jugendkunde,
5300 Bonn, Am Hofe 4 (Psycholog. Institut)

Die Autorin dieses Heftes

Dr. med. Gisela Mansfeld
7 Stuttgart-Birkach, Egilolfstr. 11

ISBN 978-3-540-79691-6   ISBN 978-3-642-85812-3 (eBook)
DOI 10.1007/978-3-642-85812-3

GELEITWORT

Während die Vorstudie über den Kreislauf beim Kinde in Heft 3 der Schriftenreihe nur Thematik und Problemstellung umriß, legen wir nun die Ergebnisse aus dem Gesamtmaterial vor. Der Schwerpunkt der Arbeit liegt bei der Festlegung exakter Normen für die Kreislaufbeurteilung und bei ihrer kritischen Bewertung.

Auch die Studie von K. Lang über das Amplitudenfrequenzprodukt ist inzwischen in einer Dissertation von M. Schmitz nachgeprüft worden. Die Angaben von Lang wurden bestätigt. Doch erfüllt das Amplitudenfrequenzprodukt nicht die Hoffnung, in ihm eine Schlüsselzahl für die Beurteilung des Kreislaufverhaltens im Einzelfalle zu haben. Die Arbeit steht auf Wunsch zur Verfügung.

Die Herausgeber

INHALT

A) Allgemeines

1. Einführung und Problemstellung

Das Ziel der Wissenschaftlichen Arbeitsgemeinschaft für Jugendkunde war die Gewinnung eines zusammenfassenden Bildes der Entwicklung von Kindern im Schulalter, also vom 7. bis 17. Lebensjahr. Es war das Bestreben, nach auflösender Beobachtung von Teilfaktoren durch deren erneute Zusammenfügung ein dynamisches Bild der körperlichen und geistigen Persönlichkeit in den Wachstumsjahren zu erhalten.

Die Untersuchung der Kreislaufverhältnisse ist mithin als ein Teilgebiet zu verstehen. Für die Kinder wie für die Untersucher mußte es sich ohne Überbewertung einordnen in die Gesamtbeobachtung. Diese Beschränkung hat sich als sehr günstig erwiesen, denn auf solche Weise konnten wir einfache, stabile, reproduzierbare Untersuchungsbedingungen durchhalten, die es uns jetzt erlauben, brauchbare Parameter für den systolischen und diastolischen Blutdruck und für den Puls bei Knaben und Mädchen zwischen 10 und 16 Jahren aufzustellen, nicht nur für die Ruhe, sondern auch für die Reaktion auf Stehen und Belastung.

Ferner ist es durch diese gleichbleibende Situation bei einem großen Kollektiv möglich, die allgemeingültigen Entwicklungsphänomene der Blutdruckwerte herauszuarbeiten, unabhängig von den verschiedenen inneren und äußeren Milieufaktoren, die bei der Individualmessung den Grundwert überdecken können, unabhängig auch von den großenteils noch unbekannten endogenen Faktoren, welche die individuelle Blutdruckhöhe bedingen. Die erhaltenen Parameterzahlen des Kollektivs bieten somit ähnliche Möglichkeiten wie die bekannten Altersdurchschnittswerte für Größe und Gewicht, wie sie z. B. im Somatogramm auch von uns verwandt werden. Auch dessen Werte und Jahreszuwachsraten lassen Spielraum für den Vergleich mit dem Individualbefund und nur extreme Abweichungen — vor allem im Längsschnitt — lassen eine Aussage über pathologische Verhältnisse zu.

Abgesehen von der Zielsetzung, Parameter für die genannten Kreislaufwerte zu schaffen, war es unser Bestreben, bestimmte Gruppeneigenschaften zu untersuchen und zu klären, ob es überhaupt solche Gruppeneigenheiten in dieser Altersstufe gibt. Es ließe sich damit ein Beitrag zur Frage nach der Ursache der individuellen Blutdruckhöhe geben. Hierfür vor allem sind große Grundzahlen notwendig, die es möglich machen, daß die Gruppenwerte zu Parametern in Beziehung gebracht werden, die unter den gleichen Bedingungen an der gleichen Kindergruppe gewonnen würden, da auch die Untergruppen noch groß genug sein müssen, um Situations- und Milieufaktoren zu nivellieren.

Infolge der immensen Vielschichtigkeit in Morphologie und Funktion beim Jugendlichen ist es ausgeschlossen, aus der am Parameter ablesbaren Entwicklung der Blutdruck- und Pulswerte bindende Angaben für den Verlauf beim Individuum zu machen. Aus dem Verhalten grundsätzlich verschiedener Untergruppen können jedoch bestimmte Beziehungen zum Verhalten des einzelnen Individuums gefunden werden.

In diesem Zusammenhang ist darauf hinzuweisen, daß für biologische Parameter — ganz besonders im Pubertätsalter — eine getrennte Bearbeitung der Knaben- und Mädchenwerte unerläßlich ist. Das erfordert natürlich a priori ein doppelt großes Ausgangsmaterial.

Die Schwierigkeiten, ein derart ergiebiges Ausgangsmaterial bei Standardbedingungen aber überhaupt erst einmal zu sammeln, sind sehr groß und haben es bisher verhindert, daß zuverlässige Richtzahlen vorliegen. Es wird zu diesem Punkt beim Eingehen auf die Literatur noch mehr zu sagen sein. Die Bearbeitung derartiger Zahlen erfordert jedoch noch viel mühseligen, selbstlosen Einsatz und so ist es mir ein Bedürfnis, neben den anderen Arbeitsstellen besonders Frau G. Rösch und Frl. L. Berkling von der Arbeitsstelle Stuttgart für die jahrelange Mitarbeit zu danken. Desgleichen gebührt ganz besonderer Dank Herrn G. Dinnendahl, der als Mathematiker den Plan für die Lochkartenbearbeitung der Hauptdaten aufstellte und die maschinelle Aufrechnung beim Statistischen Bundesamt selber durchführte.

Aus einer Gesamtzahl von 2 000 Kindern sind es etwa 500 Knaben und 500 Mädchen, von welchen über fünf Jahre hin vollständige Kreislaufdaten vorliegen. Hinzu kommen noch einige Hundert, die nur kürzere Zeit zur Beobachtung kamen, aber auch eine beträchtliche Anzahl, die sechs Jahre lang untersucht wurde. Da jeweils ein Ruhewert, zwei Stehwerte und ein Wert nach Belastung in die maschinelle Auswertung genommen wurden, bedeutet dies pro Kind und Jahr zwölf Einzelwerte (systolischer und diastolischen Blutdruck und der Puls), mithin allein für die 1 000 Probanden, die in fünf Jahren anwesend waren, also 60 000 Einzelwerte.

Etwa die gleiche Gesamtzahl von 60 000 Werten ist aus den Lochkarten-Grundlisten später von uns wieder herausgezogen worden als Grundlage für die in der vorliegenden Arbeit behandelten Untergruppen.

Es waren indessen nicht nur die großen Zahlenreihen, sondern vor allem die wechselseitigen Bezüge der ihnen zugrunde liegenden Faktoren zu untersuchen, wie etwa Pulsfrequenz, Blutdruckhöhe oder Amplitudenweite ineinanderspielen, und es liegt auf der Hand, daß ein solches Unternehmen gewisse Vorarbeiten erfordert. So sind denn einzelne Ergebnisse schon in früheren Arbeiten veröffentlicht, die in Kürze hier wieder aufgenommen und in die gesamte Dokumentation eingefügt werden.

2. Literaturbesprechung

Es wurde bereits erwähnt, daß die vorliegende Arbeit zum Teil auf maschinell geordneten Grunddaten beruht, zum anderen Teil jedoch nach der alten manuellen Methode aus diesen Grunddaten die Werte der Untergruppen zusammengestellt werden mußten. Hier konnten wir also — nach eigener Entwicklung der Grundkarten — die modernen Bearbeitungsmethoden teilweise ausnutzen.

Für die Besprechung bisheriger Veröffentlichungen sind wir jedoch noch völlig auf die althergebrachte Methode angewiesen. Aus der mithin schwer übersehbaren umfangreichen Kreislaufliteratur mußten wir eine Auswahl treffen, die auch bei Berücksichtigung nur derjenigen Arbeiten, die sich mit den Verhältnissen beim Jugendlichen beschäftigen, unvollständig bleiben muß. Es sei jedoch auf die außerordentlich umfassenden Bibliographien bei Pickering ([53]; „High Blood Pressure") und Tanner ([73]; „Wachstum und Reifung des Menschen") besonders hingewiesen.

Zur Frage der Methoden:

Die meisten Angaben über Durchschnittswerte von Blutdruck und Puls geben nur ungenügend oder garnicht die Bedingungen wieder, unter denen sie gewonnen wurden, desgleichen fehlen meist exakte Angaben über die Kollektivgröße. Über Längsschnittergebnisse wird nur ganz selten berichtet, fast ausnahmslos stehen lediglich Querschnittswerte zur Verfügung.

Es werden auch nur ganz selten Angaben über die Pulsfrequenz gemacht, die von dem gleichen Kollektiv stammen, über dessen Blutdruckwerte berichtet wird.

Ein weiterer, sehr wesentlicher Punkt ist die Tatsache, daß in den allermeisten Zusammenstellungen diese Kollektive nicht auslesefrei waren, allein aus diesem Grunde die Ergebnisse also nicht als repräsentativ anzusehen sind.

Diese letztere Überlegung führt zu der grundsätzlichen Frage, ob Standardwerte für Blutdruck und Puls unter Grundumsatzbedingungen ermittelt werden sollten. Für Einzelfälle, die in Sprechstunde oder Reihenuntersuchungen ab-

norme Werte haben, ist zweifellos gelegentlich zur Abklärung eine solche
Kontrolle unter Ausschaltung aller Milieufaktoren angezeigt.

Abgesehen aber von der Tatsache, daß es nahezu unmöglich sein dürfte, eine
genügend große Anzahl von Jugendlichen zu wiederholten Messungen unter
Grundumsatzbedingungen zu gewinnen — allein der dazu nötige Aufwand an
freier Zeit und die örtliche Entfernung zum Institut vereiteln die Auslesefreiheit —, erscheint es auch fraglich, ob man die derart gewonnenen Werte als für
den Menschen physiologisch maßgeblich ansehen kann. Gauer [9] hat kürzlich
erneut darauf hingewiesen, daß das Ende der phylogenetischen Entwicklung
des homo sapiens nicht der Mensch schlechthin ist, sondern der aufrecht
stehende Mensch; Groedel habe vor 40 Jahren bereits zu bedenken gegeben,
daß der normal aktive Mensch mindestens 2/3 seines Lebens in der aufrechten
Haltung verbringt. — Ähnliche Überlegungen haben uns zu unserer Methode
geführt, die funktionelle Anpassung der Jugendlichen auf alltägliche Erforder-
nisse zu untersuchen.

Hinsichtlich der *Meßtechnik* herrscht im allgemeinen Einigkeit, was die
Bestimmung des systolischen Blutdrucks angeht (1. lauter Ton bei abfallendem Manschettendruck). Den diastolischen Blutdruck kann man entweder
ablesen in dem Augenblick, in dem die Töne plötzlich leiser werden, oder aber
erst beim Verschwinden auch der leise gewordenen Töne. Pickering [53] z. B.
benutzt die erstere Methode, Grosse-Brockhoff und Effert [13] z. B. die letztere.
Wie im Abschnitt „zur Methodik" ausgeführt ist, haben auch wir den diastolischen Blutdruck beim plötzlichen Leiserwerden des Korotkoffschen Geräu-
sches abgelesen.

Da bei den sehr komplexen Ursachen der Blutdruckhöhe wenigstens die
Meßtechnik möglichst einheitlich gehandhabt werden sollte, bringen wir hier
die „Grundvorschriften für die Blutdruckmessung in der Praxis", die Kirschsieper [32] veröffentlich hat. Hinsichtlich der Grundumsatzbedingungen vergleiche man die oben angeführten Überlegungen; die Angaben über die
Manschettenbreite führen zur Frage der Fehlerquellen, die wir gesondert besprechen.

Grundvorschriften für die Blutdruckmessung in der Praxis (nach Kirschsieper, [32])

1. Grundumsatzbedingungen sind streng genommen Voraussetzung für die Bestimmung eines Ruheblutdrucks.
2. Die Untersuchung ist am rechten Arm bei Rechtshändern, in Ausnahmefällen am
   linken Arm bei Linkshändern durchzuführen.
3. Die Manschette (d.h. das Druckkissen) muß stets eng angelegt werden und die
   Meßstelle mindesten 1 1/4mal umfassen.

10

4. Der Arm soll leicht, im Winkel von etwa 160° gebeugt sein (Delius).

5. Die Manschette, d. h. die Meßstelle, soll sich bei der Untersuchung in Herzhöhe befinden (Delius, Meredino).

6. Den Blutdruck mit aufgesetztem Stethoskop nach Kompression bis wenig über den systolischen Wert, unter Vermeidung einer längeren venösen Stauung, mit fallendem Druck messen (Böger).

7. Wenn möglich orientierende oszillatorische oder palpatorische Kontrolle und Zweitmessung nach einer Pause von 3—5 min durchführen.

8. Zügig messen: den Kompressionsdruck etwa 2—3 mmHg pro Herzschlag absinken lassen und Stethoskopansatz nicht zu stark andrücken.

9. Berichtigte Kriterien der Korotkoffschen Töne, für den systolischen Druck Beginn der lauten Töne, für den diastolischen Druck Aufhören oder bei persistierenden Gefäßgeräusch Leiserwerden der Töne benutzen (Bordley, Hamilton, Wiggers, Pflanz, Turnhagen).

10. Unter dem Einfluß des Kompressionsdrucks verformen sich Manschette und Weichteile. Da die Drucklinien keine geradlinige Ausbreitung haben, tritt bei der Messung ein gewisser Druckverlust auf, der umso größer ist, je weiter die angelegte Kompression von dem zu komprimierenden Ort entfernt oder je kleiner die komprimierte Stelle bei gleichem Druck ist. Umfang der Meßstelle und Breite der Manschette müssen also in einem gewissen Verhältnis zueinander stehen. Dieses Verhältnis von Armumfang zu Manschettenbreite sollte im Mittel 2:1 sein und die Werte von 1,5:1 bis 2,5:1 weder übertreffen noch unterschreiten. Dazu sind im Kindesalter drei Manschettenbreiten von 4 cm, 8 cm und 12 bis 13 cm notwendig. Besser ist es, im Bedarfsfalle auch eine 3 cm, 6 cm und 10 cm breite Manschette zu verwenden (Baranton, Anschütz, Berliner, Robinow, v. Recklinghausen, Kirschsieper).

Die neuesten Angaben von *Durchschnittswerten des Blutdrucks* bei den hier interessierenden Altersstufen sind anläßlich des Jugendarbeitsschutzgesetzes veröffentlicht. Hier gibt Rutenfranz [59] 1961 Normwerte für die Altersklassen 10, 12, 14, 16 und 18 Jahre, die von ihm an kleinen Kollektiven ohne Trennung nach Geschlechtern gewonnen wurden. Daraus ergeben sich notwendigerweise Widersprüchlichkeiten im Anstiegsverlauf und vor allem in den dazu errechneten $2\,\sigma$ und $3\,\sigma$-Werten. Hierzu ist Näheres im Abschnitt „Fehlerquellen" ausgeführt. Rutenfranz gibt auch nur „Normwerte" im Sitzen, also für die Ruhe, an. Seine Pulsfrequenzangaben gelten gleichfalls nur für Ruhewerte, sind jedoch im Liegen gemessen (s. seine Tabelle „nach Nelson"). In der 2. Auflage des Buches von Lippross zum gleichen Thema (1963) fehlen Angaben für den Blutdruck überhaupt, der Ruhepuls bei Jugendlichen betrage 80—90 Schläge/Minute (keine Angabe, ob im Liegen oder Sitzen; s. F. Bühler in [39].

In „Biologische Daten für den Kinderarzt" (Brock, 1954) bringen Köttgen-Bolt [36] ebenfalls die Puls-Norm-Tabelle von Lyon [40; bei Nelson], die von 12 bis 18 Jahren Mittelwerte von 70—90/Min. angibt (Mädchen jeweils 5/Min. mehr als Knaben). Für den Blutdruck ist aus der gleichen Klinik die Tabelle von Kirschsieper angeführt, bei der ebenfalls eine Trennung von Knaben- und Mädchenwerten fehlt, und die Kurvendarstellung nach Sundal[72], die diese Trennung durchführt und zu recht ähnlichen Ergebnissen des Altersanstiegs kommt wie wir (er verwendete die Palpationsmethode, doch fehlen sonstige nähere Angaben). In dem Heilmeyerschen Lehrbuch von 1961 (s. bei 56) sind die Kurven nach Wetzler-Böger angeführt, die mit 15 Jahren beginnen und hier einen geringen Unterschied zwischen Knaben und Mädchen erkennen lassen. Oehme[52] gibt als Streuungsbereich unterhalb des 20. Lebensjahres 60 + 2 A und 100 + 2 A (A = Alter) an für den systolischen Blutdruck, ohne nähere Einzelheiten.

Im 1964 erschienenen Lehrbuch von Dennig geben Grosse-Brockhoff und Effert[13] als Durchschnittswert des Blutdrucks bei 20jährigen jungen Männern den Wert von 120/80 an nach amerikanischen Statistiken. Angaben für jüngere Altersklassen fehlen.

Auch Neumann-Boeder[50] bringen in ihren 1963 in 2. Auflage erschienenen „Funktionsprüfungen in der Herz-Kreislauf-Diagnostik" keine Normangaben für die Ausgangswerte von Blutdruck oder Puls. Desgleichen fehlen entsprechende Tabellen gänzlich bei Schellong-Lüderitz (2. Auflage, 1954; [63]).

Aus der ausländischen Literatur seien folgende Angaben zitiert: Pickering [53] bringt 1955 in „High Blood Pressure" für die zusammengefaßten Altersgruppen 10–14 Jahre und 15–19 Jahre Durchschnittswerte für kleine Kollektive, getrennt für Knaben und Mädchen, aus welchen auch der frühere Anstieg der Mädchenwerte hervorgeht. Ferner führt er (auf S. 162 u. 163) die von Stocks gewonnenen Durchschnittswerte bei 11-, 13-, 15jährigen Knaben an, die auf größeren Probanden-Zahlen beruhen und den unseren relativ nahe kommen (auch die diastolischen Werte). Des Weiteren zitiert er die Tabelle von Master (S. 175)[48], aus der für die uns interessierenden Altersklassen 16 und 17 Jahre der normale Streubereich für den systolischen Blutdruck mit 105 bis 135 mmHg bei Knaben, mit 100–130 mmHg bei Mädchen angegeben wird (Diastolisch 60–86 bzw. 60–85 mmHg), sowie als Grenzwerte für Hypertonie und Hypotonie 145 bzw. 98 mmHg bei Knaben und 140 bzw. 95 mmHg bei Mädchen dieses Alters.

In dem späteren Buch "The Nature of Essential Hypertension" (1961) werden von Pickering[54] keinerlei Durchschnittswerte angeführt.

Bei Tanner (1959; [73]) finden wir die Durchschnittskurven von Shock[71], und von Iliff und Lee ([26]; vgl. unten), aus welchen bei guter Unterscheidung der Knaben- und Mädchenwerte sich doch nur ungenügend Normwerte ablesen lassen.

12

Die 6. Auflage der Wissenschaftlichen Tabellen von Geigy (1960; [10]) bringt eine Kombination der Werte von mehreren Autoren, die niedriger als die unseren sind und erst ab 16 Jahren ein Auseinanderweichen der Knaben- und Mädchenwerte zeigen. Angaben zur Methode fehlen auch hier.

Eine eingehende Studie über den Zusammenhang von Blutdruck, Gewicht, Größe und Körperoberfläche hat Hahn 1952[19] veröffentlicht. Es handelt sich hier um Querschnittsergebnisse und nur um Knaben, im übrigen kommen aber die Untersuchungsbedingungen und das auslesefreie Kollektiv dem unsrigen sehr nahe. Hahn bringt Mittelwerte und Streuung sowie prozentuale Verteilung für den systolischen (und diastolischen) Ruheblutdruck für die Altersstufen 11,5 – 12,5 – 13,5 – 14,5 – 15,5 Jahre an Kollektiven von je über 100 Knaben. Diese im Sitzen gewonnenen Werte liegen in den ersten vier Jahren um etwa 2 mmHg höher als unsere Mittelwerte, mit 15,5 Jahren sind sie ebenso hoch.

Seine diastolischen Werte sind etwas niedriger als die unsrigen. Die Pulsfrequenz wurde nicht untersucht (und nicht die Funktion).

1953 veröffentlichte K. V. Dautova[5] Angaben über die mittlere Blutdruckhöhe bei Knaben und Mädchen von 8–16 Jahren. Sie wendete dabei die oszillographische Methode „als die genaueste und objektivste" an. Danach liegen die Mädchen in allen Altersklassen etwas über den Knaben und beide sind niedriger als unsere auskultatorisch gewonnenen Werte.

1957 wurden von Samarin et al.[61] ebenfalls größere Querschnittszahlen des systolischen Blutdrucks bei koreanischen Knaben und Mädchen von 7 bis 16 Jahren angegeben, die niedriger als die sonst in der Literatur bekannten sind. Diese geringere Blutdruckhöhe (vor allem systolisch) wird von den Autoren vorwiegend auf die Ernährung und die klimatischen Einflüsse bzw. auf den hierdurch geringeren Stoffwechsel zurückgeführt. In der Präpubertät liegen bei dieser Veröffentlichung einmal die Knabenwerte höher, dann wieder die der Mädchen, ein sicherer Trend ist noch nicht ablesbar.

In beiden Arbeiten handelt es sich nur um Ruhewerte.

Dieser Überblick zeigt bereits, daß auf großen Zahlen beruhende Tabellen für Durchschnittswerte und Streuung des Blutdrucks und der Pulsfrequenz für das Jugendalter vor allem im deutschen Sprachraum fehlen.

Angaben über *im Längsschnitt gewonnene Werte* sind noch spärlicher. Hier muß in erster Linie wieder Shock[71] angeführt werden sowie Iliff und Lee[26]. Shock zeigt die Abhängigkeit des Blutdruckanstiegs vom Menarchetermin bei 50 Mädchen, und seine Kurve läßt erkennen, wie das Einstellen der Blutdruckhöhe auf ein horizontales Niveau im Anschluß an diesen Reifepunkt erfolgt; bei den Knaben steigt – unseren Ergebnissen entsprechend – der Blutdruck noch etwa ein Jahr länger an und stellt sich dann auf ein höheres Niveau ein.

Beide Kurven lassen jedoch erkennen, daß für Normwerte noch größere Kollektive erforderlich sind.

Iliff und Lee zeigen das Auseinanderweichen der Pulsfrequenzhöhe bei Knaben und Mädchen ab etwa 10 Jahren. Dabei wird der mögliche Zusammenhang mit der zu gleichem Zeitpunkt different werdenden Körpertemperatur diskutiert.

Eine kombinierte Längsschnitt-Querschnitt-Untersuchung führten Schwenk, Eggers-Hohmann und Gensch 1955[68] in Köln durch. Sie untersuchten 894 Oberschülerinnen je zweimal im Laufe eines halben Jahres und bezogen sich bei der Auswertung auf den Entwicklungsstand. Nach ihnen steigt der Mittelwert vom 10. bis 15. Lebensjahr rascher, dann langsamer an, und der höchste Wert wurde im Zeitraum von 0 bis 1 Jahr nach der Menarche festgestellt mit einem statistisch gesicherten Unterschied zu den Nichtmenstruierten von etwa 10 mmHg.

Über die *Blutdruckhöhe* bei verschiedenen *Körperbautypen* und die Frage der *Erbanlage* finden wir Angaben in allgemeiner Form bei vielen Autoren.*) So ist die Hypotonieneigung bei leptosom-asthenischen Menschen eine Erfahrungstatsache. Eingehendere Angaben machen Neumann-Boeder[50], die darauf hinweisen, daß es auch Leptosome mit ergotroper Kreislaufausgangslage gibt. Im Wesentlichen gehören nach ihnen jedoch die Typen des muskulären athletischen Habitus sowie ein Teil des pyknischen Habitus dieser Gruppe der Leistungsstarken (ergotrop nach W. R. Hess) an. Hier finden wir auch die Angabe, daß diese Typen nach Belastung einen deutlichen Blutdruckanstieg und nur leicht gesteigerte Pulsfrequenz zeigen, während die Leistungsschwachen – vorwiegend Leptosomen (histiotropen nach W. R. Hess) – nur geringen Blutdruckanstieg nach Belastung und eine erhebliche Steigerung der Pulsfrequenz zeigen. – Unsere Durchschnittswerte der Habitusformen entsprechen dieser Erfahrung im großen Ganzen.

Auch Oehme[52] führt an, daß die juvenile, nicht-nephritische Hochdruckform (oft) bei schlankem, asthenischem Körperbau vorkommt, gepaart mit anlagemäßiger Nervosität und vegetativer Überregbarkeit. Für die Hochdruckformen insgesamt betont Oehme die grundlegende Wichtigkeit der erblichen Veranlagung. – Die ausführliche kritische Stellungnahme von Hoff[25] zu diesem Fragenkomplex sei besonders hervorgehoben.

Wir möchten ebenfalls annehmen, daß die erbliche Komponente von größter Wichtigkeit ist, da so die Abweichungen im Individualfall von den Durchschnittswerten der verschiedenen Untergruppen leicht zu erklären sind, genau-

---

*) Während der Drucklegung erschien ein Bericht von M. Pflanz über ein Symposium in Chikago: Neue Ergebnisse auf dem Gebiet der Epidemiologie des Blutdruckes, auf den besonders hingwwiesen wird (Münch. med. Wschr., 107, 99–102).

so wie die geringe Variation der Individualwerte im Längsschnitt. Auf den erblichen Faktor weisen vor allem die Verwandtenuntersuchungen bei Hypertonikern hin, die u. a. von Pickering[53] durchgeführt wurden. Dieser Erbfaktor sei jedoch vielschichtig und „nicht nach Mendel dominant". – Die Bedeutung des erblichen Faktors zumindest beim Hochdruck betonen ebenso Grosse-Brockhoff und Effert[13] wobei noch ganz unklar sei, was denn dabei eigentlich vererbt werde.

In den Bereich der vererbten Anlagen gehört zumindest teilweise auch die vegetative Gesamtsituation. Auf diesem komplexen Untergrund entstehen sowohl juvenile Hochdruckreaktionen nach Belastung wie orthostatische hypotone Regulationsstörungen, wobei wiederum exogene Faktoren hinzukommen. Die allgemeine Bedeutung abnorm hoher Blutdruckwerte braucht nicht unterstrichen zu werden. Nur zwei kurze Bemerkungen seien hierzu angeführt. Pickering berichtet, daß eine gegebene Abweichung von der Norm im 2. Jahrzehnt zu einer wesentlich größeren im 6. Jahrzehnt korrespondiert (S. 49 in 54). Und noch 1964 schreiben Grosse-Brockhoff und Effert, daß in den letzten Jahrzehnten zwar zahlreiche Einzeltatsachen und Zusammenhänge erarbeitet worden sind, die Ursache der essentiellen Hypertonie jedoch nach wie vor in tiefes Dunkel gehüllt ist. Dabei liege bei etwa 80 % der Hochdruckkranken eine essentielle Hypertonie vor.

Was nun die Literatur zum Thema *Kreislaufregulation* angeht, so sei zunächst die Frage der vorhandenen Parameter angeschnitten. Sie läßt sich sehr rasch beantworten: wir haben nirgends derartige Angaben für die hier interessierende Altersgruppe gefunden. Umso umfangreicher sind Erfahrungen und Berichte grundsätzlicher Art. Schellong[63] legt auch Wert auf die Feststellung, daß nicht absolute Werte, sondern deren Relation zueinander wesentlich sind. Mit Rücksicht darauf, daß nach unseren Beratungen mit Kreislaufspezialisten aber die Schellongmodifikation die günstigste Funktionsprobe im Rahmen der Möglichkeiten unseres Untersuchungsprogramms war, seien einige Hauptpunkte aus dessen Buch angeführt, während im Übrigen nur wenige Autoren genannt werden können.

Nach Schellong-Lüderitz[63] zeigt der Stehversuch das Verhalten der Gefäße und ist vom peripheren Nervensystem abhängig. Die Reaktion auf Belastung hingegen ist abhängig vom Zustand des Herzens, vom Verhalten der Gefäße und vom Nervensystem. Seit 1929 hat Schellong als erster die Veränderungen im Stehen systematisch gedeutet, zur Zeit der zweiten Auflage seines Buches konnten die Daten von etwa 5 000 Fällen ausgewertet werden. Im Stehen verändert sich nach Schellong der systolische Blutdruck gar nicht oder steigt etwas an, kann aber im Rahmen der Norm auch um 5 bis 10 mmHg absinken, während ein Absinken ab 15 mmHg bereits auf pathologische Verhältnisse deutet. Der diastolische Blutdruck steigt um 5 bis 10 mmHg an, die Pulsfrequenz erhöht sich um 10 bis 12 (bis 17, ja um bis zu 40) Schläge pro

Minute. Normalerweise ist der Venendruck beim Stehen in den Beinen erhöht. Das Verhalten der Pulsfrequenz wertet Schellong nicht als Ausdruck einer Regulationsstörung. Jedoch sei die Frequenz umso höher im Stehen, je größer die vegetative Labilität des Herzens sei. (Von anderen Autoren wird die Pulsfrequenz durchaus gewertet.) — Plötzlich einsetzende erhebliche Bradykardie ist nach Schellong ein Zeichen für bevorstehenden Kollaps. — Bei organischen Zwischenhirnerkrankungen und Morbus Addison kann es zur hypodynamischen Regulationsstörung kommen, wobei systolischer und diastolischer Blutdruck stark absinken. — Quantitative Schlüsse aus dem Blutdruckverhalten auf das Minutenvolumen sind nicht möglich, jedoch bedeuten Senkungen des systolischen Blutdrucks im Stehversuch um mehr als 20 mmHg eine zu starke Verminderung des Minutenvolumens durch Versagen von Regulationsmechanismen. Das Vorliegen solcher Störungen ist am Morgen oder an heißen Tagen eher festzustellen.

Nach Belastung wird ein und derselbe Verlauf einer Blutdruck- und Pulskurve eine ganz verschiedene Bedeutung haben, je nachdem er bei einem vegetativ labilen Menschen oder bei einem Herzkranken gefunden wird. — Den Rückfluß zum Herzen auf der venösen Seite läßt der systolische Blutdruck erkennen. Steigt er nach Arbeit kaum an oder sinkt er ab, so ist der Rückfluß ungenügend. In den weniger schweren Fällen des täglichen Lebens führt dies zum Gefühl der Leistungsunfähigkeit und Erschöpfung. Die Pulsfrequenz hat dabei nur eine geringe regulative Bedeutung.

Ein typisches Verhalten bei vegetativer Dystonie oder bei Thyreotoxikose gibt es nicht. Auch bei essentieller Hypertonie sind hypotone Störungen möglich.

Über die differentialdiagnostische Bedeutung des Schellong-Versuchs bei älteren Herzkranken muß auf das Buch selbst verwiesen werden. Ganz allgemein müsse die Abweichung der Individualkurven von der Normalkurve beachtet werden. Immer wieder aber betonen Schellong und Lüderitz, daß die richtige Deutung nur im Zusammenhang mit dem Gesamtbefund gegeben werden kann. In Zweifelsfällen muß immer ein EKG gemacht werden. „Jede Methode hat ihre eigene Leistungsbreite" (Schellong).

Trotz dieser Hinweise ist oft von der Methode zuviel verlangt worden. Eine eingehende kritische Wertung bringen Neumann-Boeder[50] in ihrem bereits mehrfach erwähnten Buch. Nach ihnen ist der Stehversuch in seiner Auswertung und Registriergenauigkeit dem sog. Steh-EKG mindestens gleichwertig und in vielen Fällen überlegen. Er stelle die bestdosierte und physiologisch schonendste Belastung dar. Mit anderen treten sie dafür ein, die neurozirkulatorische Dystonie in die hypertone und hypotone Regulationsstörung zu unterteilen. Die Störungen der orthostatischen Dysregulation konnten sie auch bei Normo- und Hypertonikern nachweisen.

Für eine ätiologische Klärung etwa vorliegender Hyper- oder Hypotonie sei der Schellongversuch jedoch nicht brauchbar.

Es ist sinnvoll, an dieser Stelle noch einige Bemerkungen zum Problem der Definition „*orthostatische Erscheinungen*" einzufügen. Keine Zweifel gibt es in den Fällen, in denen Patienten neben den typischen Beschwerden auch typische Veränderungen der Blutdruckwerte im Stehen zeigen. Es begegnen aber jedem

16

Arzt auch solche Patienten, die trotz sicherer Beschwerden keine erhebliche Amplitudenverengerung etc. aufweisen – vor allem die pubertätsbedingten derartigen Störungen sind häufig nur von mäßigen Abweichungen begleitet –, und andererseits gibt es Stehversuchkurven mit erheblicher Amplitudenverengerung, ohne daß die Probanden auf Befragen irgendwelche Beschwerden angeben. Auch aus unseren Erfahrungen müssen wir auf die erwähnten Schwierigkeiten hinweisen. In pathologischem Ausmaß fanden wir in unserem Untersuchungskollektiv solche Störungen nur verhältnismäßig selten, wobei wir doch glauben, daß bei Orthostatikern Tachykardie oder starke Amplitudenverengerung als vikariierende Symptome auftreten können. Im allgemeinen wird in der Literatur eine klare Abgrenzung nicht durchgeführt. Reindell verwertet nur objektive Befunde (Störungen durch kleines, muskelschwaches Herz, das beim Aufstehen sofort die volle Reserve auswirft, oder aber durch ungenügende Rückführung des Blutes bei allmählichem Versacken in den Beinen), und vieles spricht dafür, diese Einstellung für die Registrierung einer orthostatischen Dysregulation allgemein anzunehmen. Man sollte jedoch nach Möglichkeit dann zu einem einheitlich angewandten anderen Terminus für die Beschwerden ohne Befund aus diesem Symptomenkreis kommen. Bei beschwerdefreien Probanden mit starker Amplitudeneinengung sehen wir den wichtigen Anteil charakterlich-psychischer Komponenten (von ausgeprägter Selbstzucht bis zu Indolenz) an der individuellen Einschätzung des Wohlbefindens – zumindest im Jugendalter, solange funktionelle Störungen noch nicht zu organischen Schäden geführt haben.

Neben diesen grundlegenden Arbeiten zu dem engen Kreis unseres Themas können wir nur die Namen der wichtigsten anderen Autoren noch anführen, bei welchen unsere Probleme angeschnitten sind. Wegen der Einzelheiten verweisen wir auf das Literaturverzeichnis. Im Wesentlichen sind es Knipping[34] sowie Reindell[55 u. 56] mit ihren Mitarbeitern, ferner: Benjamin[1], Budelmann[3], Delius[6], Dudel[7], Fessard[8], Genz-Stolowsky[11], Graser-Nell[12], Heddäus[20], Hellbrügge-Rutenfranz-Graf[23], Hettinger-Rodahl[24], Josenhans[27], H. W. Kirchhoff[28–30], Klinke[33], Köttgen[35], Matthes[47], Nöcker[51], H. Schaefer[62], Schmidt-Voigt[64, 65], Schneider-Spranger[66], Seeham + Egerer[70], Thiele[75], Wezler-Böger[76].

Schließlich sei die Frage der *soziologischen Zusammenhänge* betrachtet. Über die allgemeinen Beziehungen zwischen Reifungstermin und sozialer Schicht gibt es schon viele, auch relativ alte Berichte. Wir wollen wieder an erster Stelle hier Tanner[73] nennen, aber auch die bekannte Studie von Heidler von Heilborn[21]. Über die gesamte soziologische Situation unseres

Kollektivs vor allem haben Hagen[14 u. 16], Hagen-Paschlau[17], E. Mansfeld [18] und A. Ronge [58] aus unserem Arbeitskreis berichtet. Neuerdings haben wir Angaben von Schröder-Sandhage[67] über höheren Blutdruck bei den gehobenen sozialen Schichten. Besonders zu erwähnen ist ferner der Bericht von I. Boenecke[2] über die weibliche Berufsschuljugend von Düsseldorf, der jedoch auch vorwiegend ältere Jahrgänge betrifft.

Eine Gegenüberstellung der soziologischen Verhältnisse bei verschiedenen Kreislaufgruppen ist uns jedoch nicht bekannt.

3. Methodik unserer Untersuchungen

Die erwähnte Tatsache, daß unsere Kreislaufuntersuchungen Teil einer Gesamtuntersuchung waren, beschränkte uns zwangsläufig auf eine Methode, die auch der Schularzt und der praktische Arzt benützen können und die somit für deren Befunde direkt vergleichbare Ergebnisse liefern würde. Alle für klinische und sportphysiologische Kreislaufuntersuchungen unerläßlichen Apparaturen schieden aus. Nach mehrfacher Beratung mit einem führenden Kreislaufforschungsinstitut der Bundesrepublik sowie mit weiteren hervorragenden Kreislaufforschern wurde als einzige entsprechende Möglichkeit die Untersuchung nach Schellong ausgewählt. Da diese bereits relativ differenzierte Kreislaufregulationsprüfung ein gewisses Mindestalter der Probanden erfordert, wurde sie erst vom fünften Untersuchungsjahr an in der unten angeführten Standardisierung in allen Arbeitsstellen einheitlich durchgeführt, wobei an drei Plätzen besonders viele Kinder noch bis zu fünfmaliger Wiederholung gewonnen werden konnten. Nur in der Stuttgarter Arbeitsstelle hatten wir bereits in den vier Grundschuljahren (7. bis 10. Lebensjahr) einfachere Kreislaufuntersuchungen in die Erhebungen einbezogen, wobei wir die Belastung durch Kniebeugen vornahmen.

Die Untersuchungen fanden in regelmäßigem Turnus das ganze Jahr über statt; die Kinder wurden vormittags, oft in Gegenwart der Mutter, jedenfalls der Fürsorgerin, im übrigen aber allein in einem ruhigen Raum untersucht. Die allgemeine Befragung mit Erhebung der Zwischenanamnese ging der Blutdruckmessung voraus, so daß keine milieubedingte Irritierung mehr bestand. Bei Kindern mit gerade überstandenem Infekt und Mädchen im Beginn der Menses wurde keine Kreislaufregulationsprüfung durchgeführt.

Wir wiederholen die bereits in Heft 3 dieser Schriftenreihe erfolgte Darstellung der Methode, soweit sie für die folgenden Berichte von Belang ist:

Richtlinien für die Durchführung der Kreislauffunktionsprüfung:

1. Sofort nach Hinlegen werden Blutdruck und Puls gemessen, dann nach 3 und 5 Minuten.
2. Sofort nach dem Aufstehen, nach 2—4—6—8—10 Minuten wieder messen; (Proband muß zwanglos und frei stehen).
3. Hinlegen lassen, nach 3 und 5 Minuten wieder messen.
4. 36mal auf die Treppe steigen (ohne Hilfe! 2 Stufen 40 cm). Tempo: 112 Schritte in der Minute, Manschette bleibt liegen.
5. Schnell hinlegen lassen, Blutdruck und Puls sofort messen, hierbei jedenfalls Puls und Blutdruck mit Hilfsperson genau gleichzeitig messen, nach 1—2—3—4—5 Minuten wieder messen (also bei 5 Min. 6. Wert).

Alle, auch die geringfügigen, auskultatorischen Befunde in Ruhe und nach Belastung sollen eingetragen werden. Ob sie wesentlich genug sind, um sie in der Fehlertabelle statistisch zu erfassen, kann nur der Untersucher entscheiden.

Als systol. Wert wurde der erste deutliche Ton bei abfallendem Manschettendruck eingetragen, der diastol. Wert wurde beim plötzlichen Leiserwerden bzw. plötzlichen Verschwinden des Tones abgelesen, wobei die Erwachsenenmanschette benutzt wurde.

Wir geben hier unser *Untersuchungsformular* wieder. Im Kopf stehen die Identifikationsangaben. In den Raster wurde der gesamte Schellongverlauf eingetragen analog den oben zitierten Richtlinien; die Pulskurve wurde blau, die Blutdruckkurven rot gezeichnet. —

Für die maschinelle Verarbeitung, für die noch kein Beispiel vorlag, mußten wir eine Auswahl der insgesamt mindestens 17 Meßpunkte treffen. Hierfür wurden zunächst die — analog der EKG-Kennzeichnung — mit Buchstaben am unteren Formularrande bezeichneten Punkte vorgesehen, wobei a) u. g) nicht genau unter einer Ordinate stehen als Hinweis darauf, daß jeweils der niedrigste der Ruhewerte zu übernehmen wäre. Das „S" über b) und h) bedeutet „Sofortwerte", über „K" ist der letzte Ruhewert einzutragen, falls die Regulation auf Belastung länger als 6 Minuten dauert.

Als uns das Material aus zweijähriger Untersuchung vorlag, berechneten wir aus den Stuttgarter und Bonner Unterlagen Durchschnittswerte für diese projektierten Lochkarten-Meßpunkte. Es zeigte sich, daß der Ablauf eines Schellong-Versuches für unsere Zwecke mit genügender Sicherheit aus den Punkten a), c), e), h) rekonstruierbar war. Erst jetzt wurde mit der maschinellen Verarbeitung begonnen, wofür die Daten dieser 4 Punkte — auf 5 mm abgerundet — in das Schema rechts außen auf dem Formular eingetragen wurden, aus welchem wieder die Locherin sie übernahm. Dabei wurde unter „Z" der Zeitpunkt eingetragen, bei welchem der letzte Ruhewert erreicht wurde.

Als Ruhewert an sich benutzten wir für unsere Berechnungen in jedem Falle denjenigen vor Beginn des Stehversuches, obwohl in einer nicht unbeträchtlichen Anzahl der Fälle derjenige nach dem Stehversuch niedriger war. — Den 10-Minuten-Stehwert ließen wir unberücksichtigt, da unsere jungen Kinder dann schon häufig unruhig wurden.

Neben der maschinellen listenmäßigen Aufstellung dieser 4 Meßpunktdaten einschließlich der Identifikation und einer Auswahl sonstiger Daten des Kindes wurde nach Sortierung in die Merkmalsgruppen „Geschlecht u. Alter" eine maschinelle Berechnung der Häufigkeit der Einzelwerte vorgenommen. Hieraus ließ sich die Perzentilverteilung bzw. die Streuung berechnen. — Die weitere Feinaufgliederung mußte manuell durchgeführt werden.

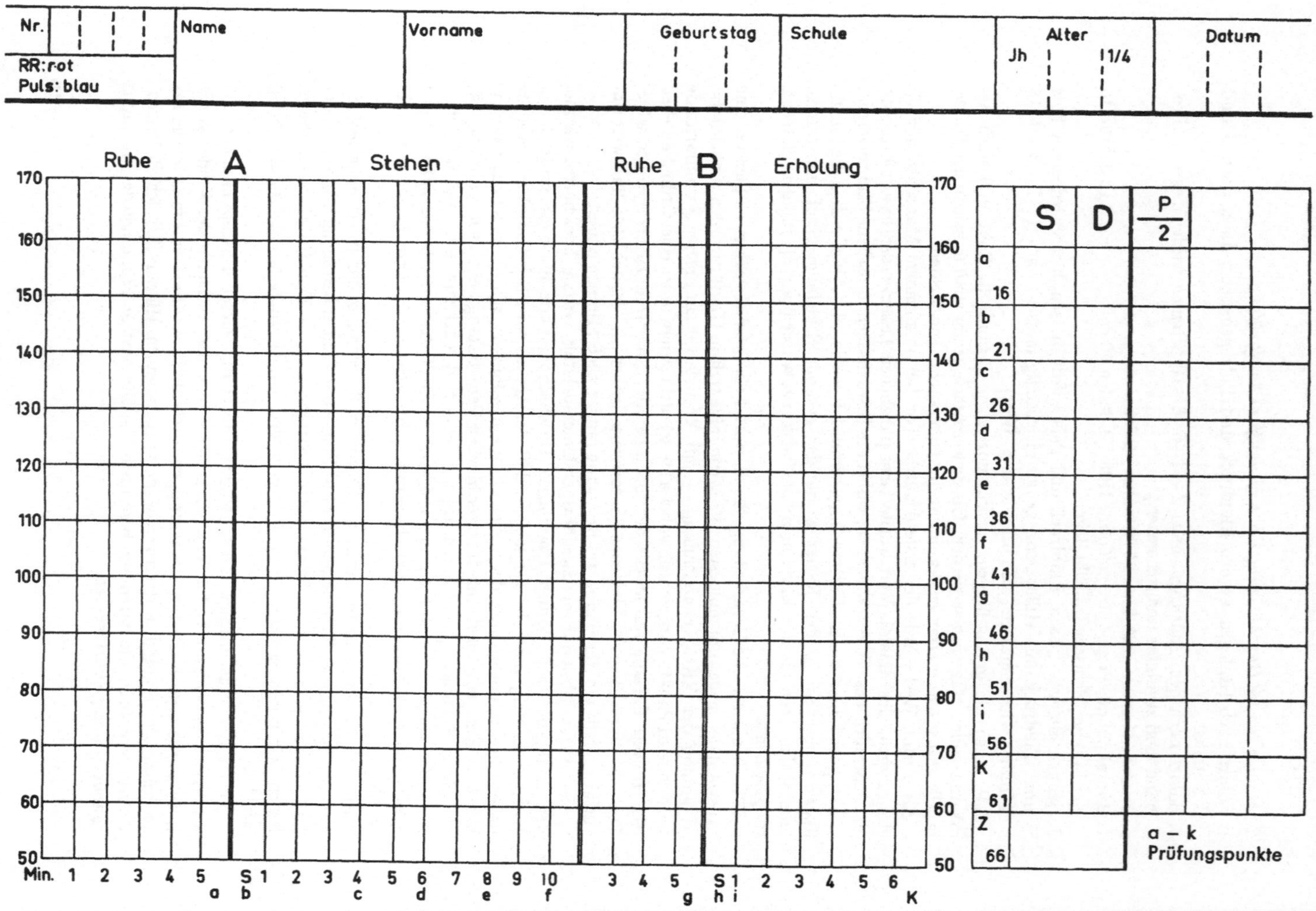

Nr.				Name	Vorname	Geburtstag	Schule	Alter	Datum
RR: rot Puls: blau								Jh 1 1/4	

Ruhe   A   Stehen   Ruhe   B   Erholung

	S	D	$\frac{P}{2}$		
a					
16					
b					
21					
c					
26					
d					
31					
e					
36					
f					
41					
g					
46					
h					
51					
i					
56					
K					
61					
Z					
66			a – k Prüfungspunkte		

Min. 1 2 3 4 5   S1 2 3 4 5 6 7 8 9 10   3 4 5   S1 2 3 4 5 6   K
a   b   c   d   e   f   g   h i

(Vertical axis scale: 50 60 70 80 90 100 110 120 130 140 150 160 170)

Die Treppe, die wir zur Belastung benutzten, war ein sogenannter „Tritt" von insgesamt 2 Stufen Höhe, wie er in Haushaltsgeschäften käuflich ist (gegen Rutschgefahr abgesichert). In den beiden ersten Jahren ließen wir die Kinder nur 24 mal auf diese Treppe steigen, und erhöhten dann — nach Rücksprache mit Arbeitsphysiologen — die Forderung auf 36 mal, um sie der gesteigerten Leistungsfähigkeit der älter gewordenen Kinder anzupassen. — Rechnet man für die Abwärtsbewegung 5 % der Leistung, so ergibt sich damit eine Steighöhe von 15 m, die in 2 Min. erreicht wird. Dieses Tempo regelt ein Metronom auf 112 Schritte in der Minute. Es konnte von den meisten Kindern eingehalten werden. — Die zeitgerechte Erhebung der Einzelwerte wurde durch eine Telefon-Uhr erleichtert.

Zur allgemeinen Situation sei noch angeführt, daß der Beginn der Kreislaufuntersuchung im fünften Untersuchungsjahr — 1956 — für den größten Teil des Kollektivs mit dem 11. bzw. 12. Lebensjahr zusammenfällt, zugleich für viele Kinder mit dem 1. Oberschuljahr. Die sechs Jahre bis 1961 sind für die Probanden insgesamt als eine Zeit gleichmäßigen Wohlergehens bei zunehmend günstigerer äußerer Situation anzusehen ohne einschneidende Ereignisse.

Bei der Auswertung haben wir uns von Schul- oder Kalenderjahrgängen unabhängig gehalten und nur das chronologische Alter der Kinder berücksichtigt. Dies Alter wurde zwar immer in vollendeten Vierteljahren festgehalten, für die Bearbeitung der großen Zahlen war jedoch eine Reduktion auf vollendete ganze Jahre günstiger, während bei einer kasuistischen Betrachtung die exaktere Altersbestimmung wertvoll ist.

Unser Kollektiv ist für die Bevölkerung in den Untersuchungsorten repräsentativ (Nachgeprüft von Ronge; [58]).

Da in einem Schuljahrgang mindestens zwei Geburtsjahrgänge immer stark vertreten sind, erfassen unsere sechsmaligen Messungen die sieben Altersstufen 10 bis 16 Jahre einschließlich. Neun- bzw. Siebzehnjährige finden sich jedoch nur in sehr geringer Anzahl, so daß deren Werte nicht bearbeitet wurden. Durch Überalterung einzelner Probanden erklärt sich dagegen die relativ große Anzahl der Zwölfjährigen. Gründe für das Variieren der Nummeri sind ferner, daß mit fortschreitender Pubertät immer mehr Kinder dieser freiwilligen Untersuchung fernblieben, daß die nächstjährige Untersuchung manchmal nicht genau ein Jahr später lag — womit einzelne Kinder z.B. im Laufe ihres 13. Lebensjahres zweimal, am Anfang und am Schluß, untersucht wurden, im 14. Jahr aber garnicht —, und daß auch in Einzelfällen aus irgendwelchen Gründen ein Individual-Schellong nicht in dem ganzen 25 Minuten währenden Verlauf durchgehalten wurde. Doppelzählungen sind jedoch absolut vermieden worden.

Definitionen

Im Folgenden stellen wir einige Definitionen häufig von uns benutzter Begriffe zusammen:

Altersbezeichnung: Es wurden Altersgruppen nach vollendeten Lebensjahren gebildet, so wird z.B. mit „12 Jahre" der gesamte Bereich vom 1. bis 365. Tag nach Vollendung des 12. Lebensjahres bezeichnet, die Kinder sind also im Mittel $n + 1/2$ J., im Beispiel 12 1/2 J. alt.

Schellong: Belastungsprobe durch Stehen und Treppensteigen nach Feststellung der Ruhewerte von Blutdruck und Puls (Einzelheiten s. unter „Methodik").

Ruhewert: der niedrigste von 3 innerhalb von 5 Min. gemessenen systol. Blutdruckwerten, der gleichzeitig gemessene diastol. Wert und der gleichzeitig gezählte Puls.

Arbeitspuls-Belastungspuls: sofort nach Beendigung der Two-step-Belastung gemessener Wert; (entsprechend Belastungsblutdruck).

Hypselotonie und Bathytonie: hohe bzw. niedrige Lage des systol. Ruheblutdrucks über Perzentil 80 bzw. unter Perzentil 20 des Gesamtkollektivs. Kinder, die über Jahre hin in diese noch physiologischen Bereiche gehören, werden als Extremvarianten des normalen Blutdrucks bezeichnet. Die Begriffsbestimmungen „Hypselotonie"=hohe Blutdrucklage und nicht Hypertonie =Überdruck, sowie „Bathytonie"=niedrige Blutdrucklage und nicht Hypotonie =Unterdruck, werden neu eingeführt, um die Vorstellung einer pathologischen Bedeutung auszuschalten.

Hypertonie und Hypotonie: Vorschläge für Grenzwerte dieser pathologischen Zustände s. Tab. 1.

Orthostatische Symptomatik: während der Untersuchungen wurde dieser Befund festgehalten bei Vorliegen entsprechender subjektiver oder objektiver Erscheinungen, also einer starken Einengung der Blutdruckamplitude im Stehversuch und leichteren oder schwereren Anzeichen eines Kollapses. Weiteres zum Problem der Definition „Orthostase" wird im Abschnitt Literatur ausgeführt.

Perzentil und Perzentilmarke: Die Gesamtzahl der Probanden, N, wird gleich 100 gesetzt, 20 % der Individualwerte liegen unter P_{20} = Perzentil 20, 50 % unter P_{50}, 80 % unter P_{80} etc. Unter Perzentilmarke ist der Wert z. B. des systolischen Ruheblutdrucks zu verstehen, der zu dem entsprechenden Perzentil gehört. P_{50} entspricht damit dem statistischen Begriff des Median- oder Zentralwertes.

Die Perzentileinteilung hat den Vorzug großer mathematischer Einfachheit und erlaubt es, jedem Probanden seinen genauen Platz in der Gesamtgruppe zuzuweisen.

Reifungstypen: Für die Beurteilung „Früh-" bzw. „Spätentwickler" war die Zugehörigkeit zu den unteren 20 Perzentilen (= früh) und den jenseits P_{80} liegenden höchsten = spätesten Perzentilen der Reifeentwicklung entscheidend. Den kritischen Werten liegt eine rückblickende Sichtung sämtlicher Probanden der Arbeitsgemeinschaft zugrunde, die E. Mansfeld [42] für den Gipfel des Pubertätswachstums, die pubeszente Ausprägung der äußeren Geschlechtsmerkmale (Reifezahl 2 nach Oster) und den Termin der Menarche bei den Mädchen durchführte. Aus der Kombination dieser Daten wurde in jedem einzelnen Fall der Punkt P 1/2 berechnet, der dem Umschlag der 1. zur 2. Pubertätsphase entspricht; die zeitliche Perzentilverteilung dieses Punktes ist als Parameter für die Bezeichnung „früh- oder spätentwickelt" verwandt. Es handelt sich also um eine relative Aussage im Hinblick auf die durchschnittliche Reifeentwicklung unseres Kollektivs, die zugleich für die Stadtverhältnisse unserer Zeit in Deutschland als repräsentativ angesehen werden kann und deren Termine folgende sind:

P 1/2-Termine	P_{20}	P_{40}	P_{50}	P_{60}	P_{80}	Alter in
Jungen	13;9	14;3	14;6	14;9	15;4	Jahren u.
Mädchen	12;0	12;8	12;11	13;2	13;9	Monaten

Wie Hagen in „Zehn Jahre Nachkriegskinder" Seite 11 ff. [14] bereits ausgeführt hat, haben wir im Laufe unserer Untersuchungen uns davon distanziert, für das Einzelkind die Termini „akzeleriert" und „retardiert" zu benutzen. Wir schlagen dagegen vor, diese Ausdrücke nur noch im Zusammenhang mit Fragen der säkularen Akzeleration zu verwenden, sie also nur auf Populationen bzw. Gruppen anzuwenden.

Habitusformen: Im Rahmen der Gesamterhebung beim Einzelkind sollte von Beginn an nach Möglichkeit eine morphologische Aussage gemacht werden. Obwohl es sich gezeigt hat, daß in Einzelfällen diese Aussage mit den Termini der Kretschmerschen Typenlehre möglich war, ist dies insgesamt im Jugendalter durch Füllung und Streckung usw. so schwierig, daß wir für die ad hoc-Beurteilung eine Konstitutionsbestimmung nicht präjudizieren wollten und nach den Anfangsjahren für die morphologische Aussage die Bezeichnung „Habitus" verwandten. Über die methodischen Einzelheiten solcher Beurteilung ist Näheres in „Deutsche Nachkriegskinder", Seite 63 ff. nachzulesen (Hagen, E. Mansfeld [4]). Hier sei nur angeführt, daß pro Kind maximal sechs Komponenten einer Habitus-Aussage möglich waren, die bei „reinen Typen" alle zur gleichen Form gehören mußten; Wo eine eindeutige Zuordnung nicht möglich war, wurde auf die Charakterisierung verzichtet. Diese Gruppe beträgt etwa 1/3 der Probanden. Für die Kreislaufuntergruppen wurde außerdem eine Konstanz der Habitus-Beurteilung in den aufeinanderfolgenden Jahren gefordert, bei einem Wechsel in der Beurteilung fiel der Proband also aus.

Insgesamt verteilten sich die Habitusformen nach Hagen [15], beim Kollektiv wie folgt:

Jahr	Alter	Zahl	Pyknisch	Athletisch	Leptosom	Unbe-stimmt	
			%	%	%	%	
1952	6—7	1194	13,2	29,2	43,6	15,1	
1956	10—11	934	10,5	34,1	27,7	27,1	Knaben
1959	13—14	884	6,6	34,0	30,0	29,4	
1952	6—7	1152	19,9	25,2	40,2	14,7	
1956	10—11	957	19,2	24,8	21,3	34,7	Mädchen
1959	13—14	884	16,2	28,8	25,0	30,0	

Die Ausdrücke „Pykniker", „Athletiker" und „Leptosome" sind in der vorliegenden Arbeit nur der sprachlichen Kürze wegen benutzt worden und mit der nötigen Reserve zu betrachten.

Längsschnittuntersuchungen: Jährlich wiederholte mehrjährige Untersuchung der gleichen Probanden nach standardisierten Methoden, vgl. Tanner (Wachstum und Reifung des Menschen, S. 4 [73]; und Hagen in „Zehn Jahre Nachkriegskinder" (Seite 31 ff.; [14]).

4. Diskussion der Fehlerquellen

Auf die in der Meßtechnik liegenden Fehlermöglichkeiten wurde schon kurz in der Literaturbesprechung Bezug genommen. Es sei erlaubt, Kirschsiepers

„Grundvorschriften"[32] den banalen Hinweis hinzuzufügen, daß auf den guten Sitz der Manschette bei konisch geformtem Oberarm ganz besonders zu achten ist und daß unexaktes und wechselndes Aufsetzen des Stethoskops erhebliche Differenzen der Meßwerte ergeben können.

Was nun die Frage der Manschettenbreite angeht, so müssen wir uns aufgrund der Angriffe von Rutenfranz und Hellbrügge doch etwas länger zum Thema äußern.

Bereits 1952 hatte Kirschsieper[31] festgestellt, daß der Meßfehler umso kleiner ist, je breiter die zur Anwendung gelangende Manschette ist, und ebenso: je geringer die Dicke des die Arterie überlagernden Gewebes ist, umso kleiner ist der Meßfehler. Bei einer Manschettenbreite ab 12 cm ergebe sich keine typische Änderung des Blutdruckwertes mehr, sondern dann gelte die allgemein in der Literatur angegebene Meßfehlerbreite von ± 10 mmHg. Rutenfranz hatte wohl übersehen, daß wir bereits in der ersten Veröffentlichung[46] die Frage des Oberarmumfanges ventiliert haben. Bei den 9–10 Jahre alten Kindern hatten wir in einer Stichprobe den Umfang der Meßstelle kontrolliert: bei 40 Mädchen betrug er im Mittel 19,9 cm, bei 30 Knaben 19,1 cm. Wir haben mit der Anwendung der normalen mittleren Erwachsenenmanschette (12 cm breiter Gummianteil, mit Überzug je nach Fabrikat breiter) also zumindest den Fehler einer zu schmalen Manschette und damit überhöhter Werte schon bei den Grundschulkindern vermieden. Ab 20 cm Oberarmumfang wird ohnehin diese normale Manschettenbreite empfohlen. Auf die Arbeiten zur Blutdruckmessung im Kleinkindesalter brauchten wir uns wohl nicht zu beziehen. Auch dürfte normalerweise kein Arzt bei der Blutdruckmessung von Jugendlichen eine Kindermanschette benutzen. Im letzten Jahr unserer Untersuchungen haben wir bei 200 Probanden von etwa 16 Jahren wiederum Oberarmumfänge gemessen und erhielten bei 103 Knaben einen mittleren Wert von 25,5 cm, bei 97 Mädchen einen solchen von 25,1 cm. Dabei lag die Streubreite so, daß 99 % dieser 200 Kinder einen Oberarmumfang zwischen 20 und 30 cm hatten. Rutenfranz[59] vertritt aber die Ansicht, daß die meisten vorhandenen Angaben von Blutdruckwerten im Jugendalter nicht zu verwerten seien, da bei ihnen die optimale Manschettenbreite nicht berücksichtigt worden sei. Er kombiniert daher aus verschiedenen Literaturangaben eine Tabelle für die notwendige Relation zwischen Manschettenbreite und Oberarmumfang, in welcher er jedoch für das im frühen Jugendalter häufigste Umfangsmaß zwischen 20 und 27 cm keine Angabe macht. Bei den Werten oberhalb 15 cm stützt er sich im Wesentlichen auf Pickering et al.[53] und zitiert auch deren Umrechnungstabelle, welche sie für eine Korrektur der mit 13 cm breiter Manschette unblutig gemessenen Werte in die solchen Werten entsprechenden Ergebnisse bei direkter Messung angeben. Pickering betont in seinem Buch „High Blood Pressure" jedoch ausdrücklich, daß diese Korrekturziffern nur sinnvoll sind für große Gruppen von Individuen, zumal diese Werte auf kleinen Probandenzahlen beruhen; im Einzelfall seien sie sogar wahrscheinlich widersinnig, da auf die Unterschiede im Armumfang nur 1/4 der Gesamtdifferenz zwischen direkter und indirekter Messung entfällt. Diese Hinweise müssen Rutenfranz entgangen sein, sonst hätte er wohl nicht in seinen Beitrag zum Jugendarbeitsschutzgesetz für die Einzelmessung diese Tabelle eingebaut, die in jedem Fall vom untersuchenden Arzt neben der Umfangsmessung eine Umrechnung verlangen würde. Denn nach ihr muß – entsprechend der Grundarbeit von Robinow et al.[57] – entweder der systolische oder aber der diastolische Wert geändert werden, wobei die Umfangsklassen und Korrekturziffern für beide variieren.

Aus dieser seiner Kritik der vorhandenen Veröffentlichungen bringt Rutenfranz[59] dann Querschnittswerte eines gemischten Kollektivs, die er selbst erhoben hat und auf deren Basis er Grenzzahlen „für sicher pathologische Werte" angibt. Sieht man diese Werte (seine Tabelle 3) kritisch an, so finden sich darin soviel Widersprüchlichkeiten, daß man sagen muß: hier wurde zwar die optimale Manschettenbreite berücksichtigt, doch ist der Autor verschiedenen anderen Fehlerquellen zum Opfer gefallen, an deren Spitze kombinierte Berechnung von Knaben- und Mädchenwerten, mangelnde Auslesefreiheit der Kollektive und zu kleine Probandenzahlen zu nennen sind. Es könnte sonst nicht dazu kommen, daß z.B. für den Durchschnitt 16jähriger Jugendlicher der „eindeutig pathologische" Grenzwert um 10 mmHg niedriger angesetzt wird als für 14jährige.

Gegen die Überbewertung von Umfangsdifferenzen im Bereich des Normalen sprechen, abgesehen von den verschieden hohen durchschnittlichen Blutdruckwerten der älteren Knaben und Mädchen bei nahezu gleichgroßem durchschnittlichem Armumfang, auch die so nahe beieinanderliegenden Durchschnittswerte von Athletikern und Leptosomen, deren Oberarmumfänge wohl als recht unterschiedlich vorausgesetzt werden dürfen.

Es seien jedoch zur Frage der Manschettenbreite bzw. zum Oberarmumfang noch einige weitere Autoren genannt. So hat Heinemann[22] Untersuchungen über die Abhängigkeit des auskultatorisch gemessenen Blutdrucks vom Gliedmaßenumfang und Körpergewicht durchgeführt und dabei auch durch Faktorenanalyse geklärt, daß der durchschnittlich höhere Blutdruck bei Fettsüchtigen jedenfalls nicht auf den höheren Oberarmumfang zurückzuführen ist. Er hat als Einziger den Ort der Umfangsmessung angegeben, nämlich in Höhe der Manschettenmitte. Wir haben an der gleichen Stelle gemessen bei entspanntem Arm im Liegen. Bei konischen Oberarmen ist dies natürlich besonders zu beachten.

Sainsbury[60] hat einen Vergleich zwischen Oberarmlänge, Alter und Manschettenbreite bei Kindern und Jugendlichen durchgeführt, nachdem er sich dafür ausspricht, die 10 cm-Manschette von 7 bis 11 Jahren, danach dann die Erwachsenen-Manschette anzuwenden.

Neben der Frage der Manschettenbreite (12 cm empfohlen, wenn der Umfang 25 cm nicht wesentlich übersteigt) hat Merz[49] andere Fehlerquellen besprochen und neben sonstigen auf die Wichtigkeit von Metallrippen hingewiesen, wie sie an den neueren Apparaten wohl überall eingeführt sind. Seine Angabe, daß der Blutdruck bei herabhängendem Arm ansteigt (z.B. im Stehen) ist natürlich sehr problematisch, was die Beurteilung der Stehversuchswerte angeht. Sollten sie alle als überhöht anzusehen sein? Hier helfen auch nur solch große Untersuchungsreihen wie die unsrigen weiter, die jedenfalls effektiv gemessene Daten angeben, wenn auch ohne ausführliche Ursachenklärung. Nach Merz' Erfahrung sind zyklus- und wetterbedingte Veränderungen meist langfristig, für die tägliche Praxis deshalb unwesentlich. Bei Aufregung und Anstrengung müsse man natürlich warten. Ursachen für Seitendifferenz seien Halsrippe, Tumoren, Scalenussyndrom, Gefäßanomalien, funktionell komme es dazu bei arteriellen Spasmen und vegetativ bedingten Tonusasymmetrien der peripheren Gefäße.

Kohn und Benyo[37] sind neuerdings wieder der Frage nachgegangen, ob der rechte oder linke Arm für die Messung heranzuziehen sei. Sie kommen zu dem Ergebnis, daß die Bevorzugung eines Arms nicht nötig ist und daß ein etwaiger Seitenunterschied der Werte ja schon durch Palpation zu erkennen sei.

Bei Neumann-Boeder[50] (u.a.) finden wir die Angabe, daß nach Wezler die Fälschung der Amplitude durch das Manschettenverfahren in der Regel 10–15% beträgt (der systolische RR liegt etwas zu hoch (Böger), der diastolische etwas zu niedrig). Die oszillographische Methode schalte zwar den subjektiven Faktor beim Untersucher aus, habe aber dafür andere Fehlerquellen.

Zu all diesen vorwiegend technisch bedingten Fehlermöglichkeiten kommen nun noch die allgemeinen Faktoren hinzu, die den individuellen Einzelwert beim Gesunden beeinflussen können: Alter, Reifegrad, Konstitution, vegetativer Grundtonus und augenblickliche psychische Verfassung. Auch ist nicht nur das Geschlecht des Probanden, sondern auch das des Untersuchers zu bedenken; Pickering[54] nennt den Untersucher sogar den wesentlichsten Umgebungsfaktor und berichtet über Untersuchungen von Comstock (1957), der bei den Männern niedrigere, bei den Frauen höhere Werte erhielt als bei Vergleichsmessungen, die er von Pflegerinnen durchführen ließ (The nature of essential Hypertension, S. 79). Wir haben diesen Faktor auch überlegt, der uns bei früheren Haltungsuntersuchungen als amüsante Tatsache aufgefallen war. Es sei an dieser Stelle auch erwähnt, daß in unserer Arbeitsgemeinschaft überwiegend Ärztinnen die Untersuchungen durchführten. Dennoch glauben wir nicht, daß hier die Begründung für die höheren Werte der Knaben liegt, denn für diese Altersklassen sind Frauen jenseits des 30. Jahres doch schon beinahe Großmütter, zudem kannten Proband und Untersucher sich fast in allen Fällen schon jahrelang, wie denn überhaupt dieser gute Kontakt für unsere Ergebnisse gerade auf dem Kreislaufgebiet von Bedeutung ist. Aber auch die Blutdruckwerte nach Belastung und die Pulswerte generell sprechen dafür, daß bei unseren Ergebnissen diese Unterschiede des Geschlechts zwischen Proband und Arzt nicht von Belang sind, desgleichen die bereits im Grundschulalter – also eindeutig vor der Pubertät – festgestellten Unterschiede zwischen hypselotonen und bathytonen Kindern.

Überblickt man diese sicher nicht vollständige Aufzählung von Fehlermöglichkeiten bei der Blutdruckmessung, läßt sich zusammenfassend Folgendes sagen: es ist zwar denkbar, daß für jeden Einzelfaktor Korrekturziffern erarbeitet werden können – und für pathologisch erscheinende Blutdruckwerte sind all diese Faktoren zweifellos zu berücksichtigen –, es ist aber nicht denkbar, daß nach all solchen Korrekturen noch ein Parameter aufgestellt werden kann.

Demnach erscheint es vernünftiger, die zu prüfenden Phänomene der überall eingeführten, leicht praktikablen Methode von Riva-Rocci-Korotkoff zuzuordnen, diese unter genormten bzw. vergleichbaren Bedingungen anzuwenden und an großen Untersuchungsreihen zu eichen.

B) Ergebnisse beim Kollektiv

In unserem Vorbericht „Veränderungen der Kreislauf-Regulation in der Pubertät"[43] haben wir in Kurvendarstellungen gezeigt, wie sich das allgemeine Phänomen des Blutdruck- und Pulsverhaltens zwischen 10 und 16 Jahren optisch darbietet. Wir knüpfen an diese Darstellung an und wiederholen in Abb. 1 den Überblick über die Entwicklung der Ruhewerte.

Für einen Vergleich mit dem Einzelfall eignen sich solche Kurven jedoch wenig und sie entsprechen auch nicht der Forderung einer Dokumentation.

Wir bringen daher die errechneten Werte für den systolischen und diastolischen Blutdruck und den Puls für die sieben Altersklassen beim Kollektiv; diese Tabellen enthalten – getrennt für Knaben und Mädchen – die Zahlen für die Perzentilwerte P_{20}, P_{50} und P_{80} und den arithmetischen Mittelwert, sowie die Probandenziffern N, für

den systolischen Blutdruck (Tabellen 1–4),

den diastolischen Blutdruck (Tabellen 5–8),

die Pulsfrequenz/Minute (Tabellen 9–12) und

die Amplitude (Tabellen 13–16),

und zwar an den vier, durch Lochkartenverfahren erfaßten Schellongpunkten: niedrigster von drei gemessenen Ruhewerten, Wert nach vier und nach acht Minuten Stehen und den Wert sofort nach der Belastung.

Für den systolischen Ruhewert haben wir auch P_5 und P_{95} berechnet (Tab. 1). Diese Werte schlagen wir als Abgrenzung für den pathologischen Bereich der Hypertonie und Hypotonie vor (vgl. Tanner[74], The assessment of growth and development in Children, S. 12/13).

Das Studium der Tabellen 1 bis 16 zeigt den Bereich zwischen den Werten P_{80} bis P_{50} einerseits und den Werten P_{50} bis P_{20} andererseits jeweils als bemerkenswert beständig für die Entwicklung zwischen 10 und 16 Jahren, und zwar für alle Qualitäten und beide Geschlechter.

Wie Abb. 1 für die Ruhewerte zeigt Abb. 2 für die 8 Min.-Stehwerte und die Belastungswerte deren Entwicklung im Längsschnitt. Diese Kurven erleichtern die Besprechung der Tabellen. Die Gleichförmigkeit der Perzentilbereiche läßt bereits die Vermutung auf erhebliche Stabilität der individuellen Blutdruckhöhe schon im Jugendalter aufkommen, die selbstverständlich mit dem Heranwachsen ansteigt, jedoch innerhalb ihres Perzentilbereichs verbleibt (vgl. hier-

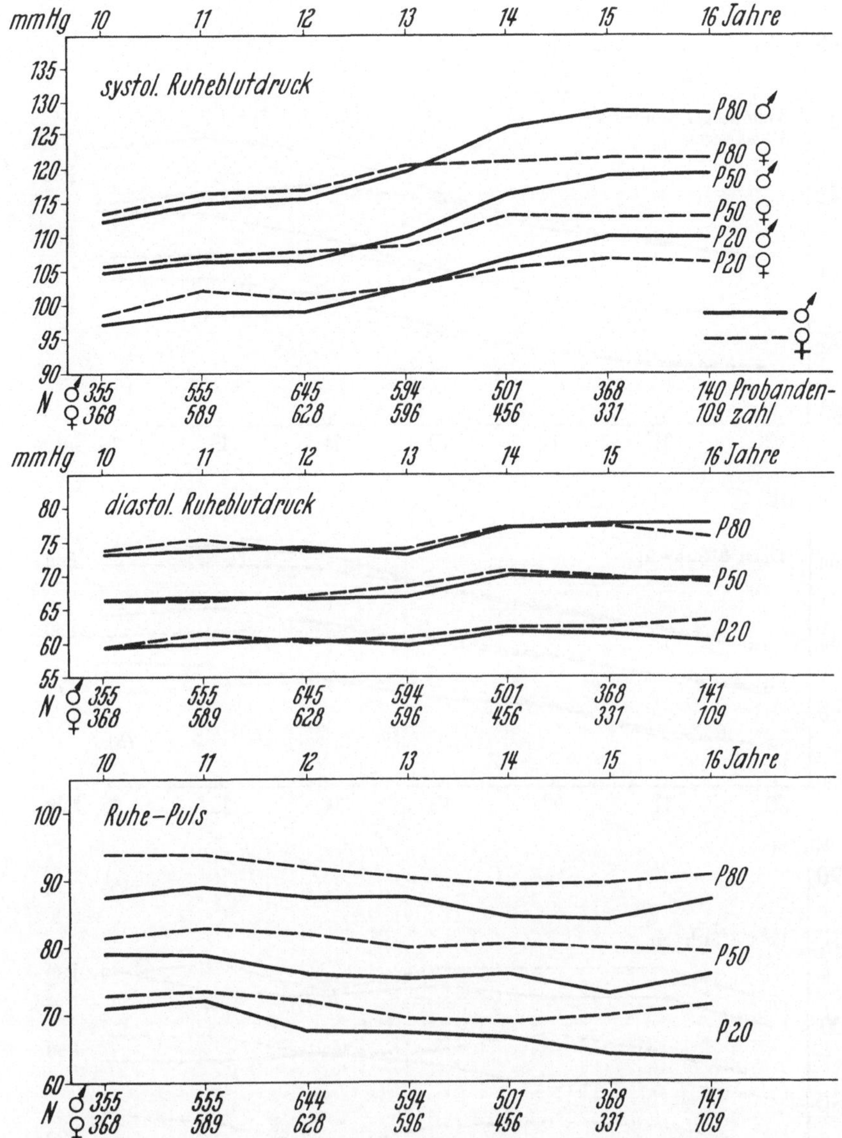

Abb. 1. Verhalten des systolischen und diastolischen Ruheblutdrucks sowie des Ruhepulses bei demselben Kollektiv zwischen 10 und 16 Jahren. Dargestellt sind die Perzentilwerte 20, 50 und 80 der gemessenen Faktoren, getrennt für Knaben und Mädchen.
(Aus E. u. G. Mansfeld: Veränderungen der Kreislaufregulation in der Pubertät. Der öffentliche Gesundheitsdienst, Jg. 25, H. 11, 1963)

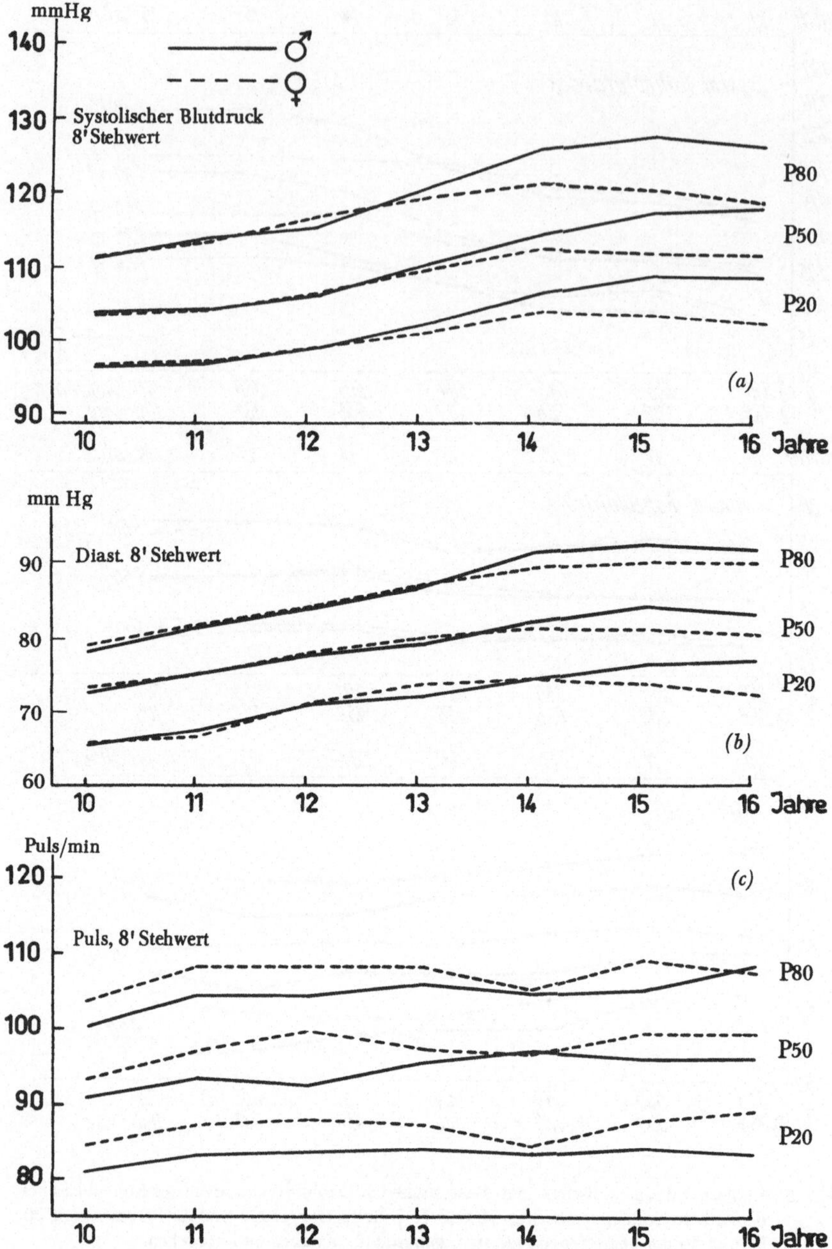

Abb. 2. Verhalten des systolischen und diastolischen Blutdrucks sowie der Pulsfrequenz nach
Dargestellt sind die Perzentilwerte 20, 50 und 80 der

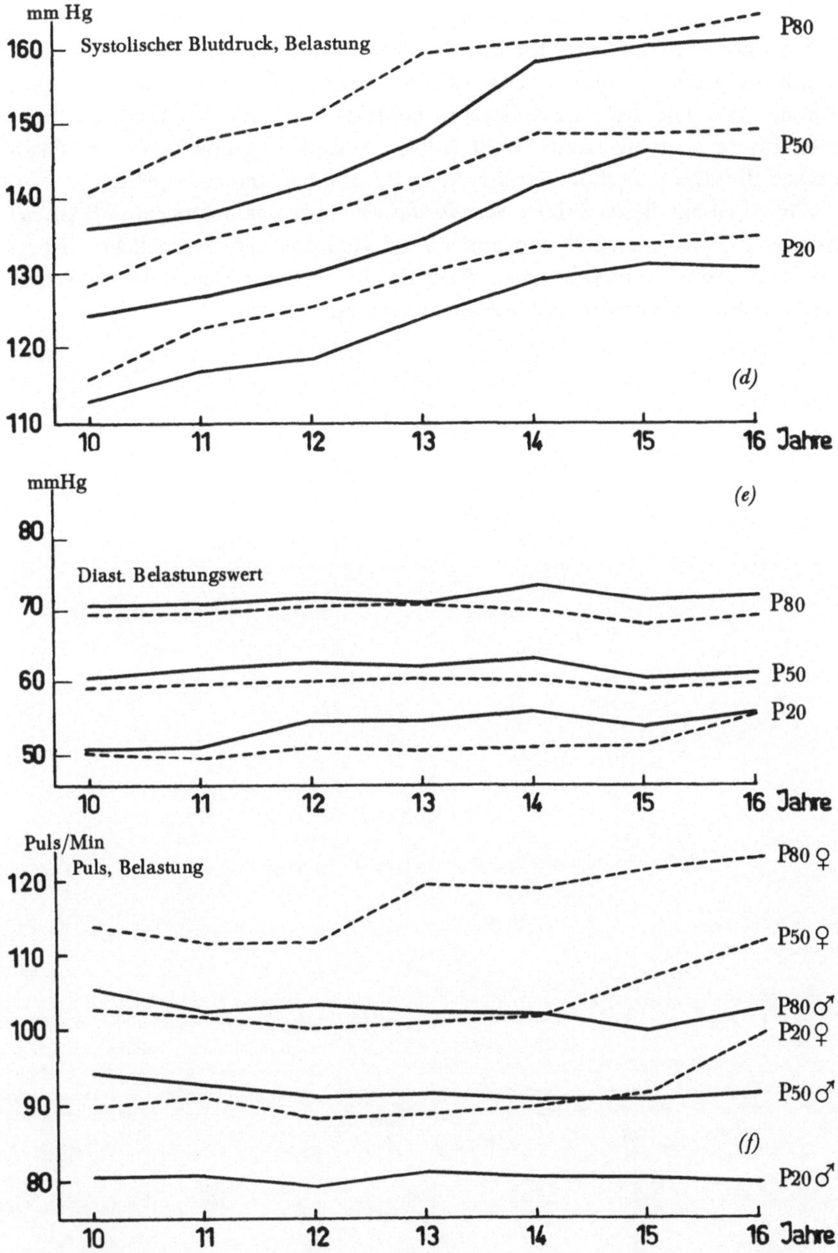

8 Min. Stehen und sofort nach Belastung bei demselben Kollektiv zwischen 10 und 16 Jahren. gemessenen Faktoren, getrennt für Knaben und Mädchen. N wie in Abb. 1.

zu S. 89 im Kapitel „Die Extremvarianten"). Auch das Pulsverhalten läßt bei großen Probandenzahlen eine solche Gleichförmigkeit erkennen, wenngleich die größere Labilität des Pulses eine stärkere Variation in der Breite der Kanäle zwischen den Perzentilkurven bewirkt. Die Schwankungen der Individualwerte sind im Längsschnitt jedoch wesentlich größer als beim systolischen Blutdruck, weshalb wir hier keine P_5- und P_{95}-Zahlen angeben.

Wir geben mit diesen Zahlen *Standardwerte für den gesamten (modifizierten) Schellongversuch,* so daß von nun an Individualwerte mit erheblicher Sicherheit eingeordnet werden können. Zweifellos interessieren hierbei die Ruhewerte als Grundlage aller weiteren Untersuchungen am meisten.

1. Varianten im Reifealter

Tabellen für Ruhe-, Steh- und Belastungswerte des systolischen und diastolischen Blutdrucks, der Pulsfrequenz und der Amplitudenweite bei Knaben und Mädchen im Alter von 10—16 Jahren; Angaben der Perzentilwerte $P_{20\text{-}50\text{-}80}$, des ar. Mittelwertes, der Probandenzahlen.

Tabelle 1. Systolischer Ruheblutdruck im Alter von 10–16 Jahren, Perzentilverteilung ($P_{20-50-80}$) und arithmetischer Mittelwert in mmHg. Grenzwerte für Hypotonie und Hypertonie (P_5 u. P_{95} vgl. S. 28).

(siehe Seite 34)

Tabelle 2. Systolischer Blutdruck im Stehen — nach 4 Min. — im Alter von 10 bis 16 Jahren in mmHg Perzentilverteilung ($P_{20-50-80}$) und arithmetischer Mittelwert
(siehe Seite 34)

Tabelle 1 (*Legenden siehe Seite 33*)

Alter	10	11	12	13	14	15	16 Jahre	
P_5	91,8	92,9	92,0	95,0	99,4	102,5	105,0	
P_{20}	97,5	99,4	99,3	103,1	107,2	110,6	110,3	
P_{50}	105,1	106,8	107,0	110,5	116,5	119,4	119,7	♂
P_{80}	112,6	115,2	116,1	119,7	126,5	128,8	128,6	
P_{95}	120,5	125,5	125,5	127,2	138,0	138,5	139,2	
N	355	555	645	594	501	368	141	
ar. M.	105,0	107,6	107,7	111,1	116,9	119,8	120,3	
P_5	93,6	94,9	94,5	96,9	98,3	99,6	99,8	
P_{20}	99,0	102,7	101,4	103,2	105,8	107,2	106,5	
P_{50}	106,2	107,7	108,3	108,9	113,4	112,8	112,8	♀
P_{80}	113,7	116,7	117,3	120,9	121,5	121,8	121,7	
P_{95}	122,9	125,2	126,7	130,0	130,2	131,5	130,3	
N	368	589	628	596	456	331	109	
ar.M.	105,9	108,7	109,5	112,1	113,8	114,5	114,3	

Tabelle 2

Alter	10	11	12	13	14	15	16 Jahre	
P_{20}	97,8	97,7	99,1	102,8	108,0	109,1	110,3	
P_{50}	105,1	105,7	106,8	111,2	116,3	118,5	119,2	
P_{80}	112,4	114,9	116,4	121,7	125,5	128,4	127,2	♂
N	365	559	645	593	500	368	141	
ar.M.	105,4	106,4	107,9	112,2	117,0	118,9	119,4	
P_{20}	98,0	97,9	99,8	101,8	103,7	104,6	106,5	
P_{50}	105,1	105,8	107,5	110,3	112,4	112,7	111,7	
P_{80}	113,6	114,6	117,2	120,3	121,7	123,2	119,2	♀
N	370	589	625	594	456	331	108	
ar.M.	105,6	106,5	108,6	111,0	113,3	113,8	112,3	

Tabelle 3. Systolischer Blutdruck im Stehen — nach 8 Min. — im Alter von
10 bis 16 Jahren in mmHg
Perzentilverteilung (P$_{20-50-80}$) und arithmetischer Mittelwert

Alter	10	11	12	13	14	15	16 Jahre	
P_{20}	96,3	96,7	98,7	102,2	106,2	108,5	108,5	
P_{50}	104,1	104,6	106,0	110,2	114,2	117,1	117,8	
P_{80}	111,1	113,5	115,0	120,3	125,5	127,2	125,9	♂
N	364	558	642	593	498	368	140	
ar.M.	104,1	105,3	106,9	111,2	115,7	117,6	116,6	
P_{20}	96,5	97,0	98,7	101,1	103,8	103,6	102,5	
P_{50}	103,7	104,5	106,2	109,5	112,3	111,8	111,5	
P_{80}	111,6	112,9	116,3	119,1	121,0	120,2	118,8	♀
N	367	589	626	592	456	329	108	
ar.M.	104,1	105,1	107,6	110,1	112,4	112,4	111,2	

Tabelle 4. Systolischer Blutdruck unmittelbar nach Belastung im Alter von
10—16 Jahren (im Liegen gemessen), in mmHg
Perzentilverteilung (P$_{20-50-80}$) und arithmetischer Mittelwert

Alter	10	11	12	13	14	15	16 Jahre	
P_{20}	112,8	116,8	118,6	124,1	129,0	131,3	130,9	
P_{50}	124,3	126,7	130,0	134,5	141,6	146,4	145,2	
P_{80}	135,8	137,5	141,7	148,0	158,0	160,4	161,6	♂
N	364	555	631	586	486	351	133	
ar.M.	124,4	127,5	130,5	135,4	143,2	146,7	147,5	
P_{20}	115,8	122,6	125,4	130,0	133,5	134,0	135,0	
P_{50}	128,2	134,2	137,4	142,6	148,4	148,7	149,2	
P_{80}	140,8	147,8	151,1	159,2	161,0	161,7	164,5	♀
N	363	585	611	558	417	297	95	
ar.M.	128,6	134,8	138,7	144,5	147,9	148,8	149,5	

Tabelle 5. Diastolischer Ruheblutdruck im Alter von 10 bis 16 Jahren
Perzentilverteilung ($P_{20-50-80}$) und arithmetischer Mittelwert in mmHg

Alter	10	11	12	13	14	15	16 Jahre	
P_{20}	59,4	60,1	60,8	60,0	61,8	61,4	60,5	
P_{50}	66,5	67,0	66,7	67,0	70,1	69,6	69,6	
P_{80}	73,6	74,0	74,4	73,5	77,3	78,0	78,0	♂
N	355	555	645	594	501	368	141	
ar.M.	64,1	66,9	67,5	67,1	70,3	69,9	69,4	
P_{20}	59,5	61,4	60,2	60,8	62,4	62,5	63,6	
P_{50}	66,2	66,4	67,1	68,4	70,7	69,7	69,5	
P_{80}	73,8	75,5	73,7	74,2	77,4	77,6	76,0	♀
N	368	589	628	596	456	331	109	
ar.M.	66,4	66,8	67,4	68,3	70,4	69,9	69,9	

Tabelle 6. Diastolischer Blutdruck im Stehen — nach 4 Min. — im Alter
von 10 bis 16 Jahren in mmHg
Perzentilverteilung ($P_{20-50-80}$) und arithmetischer Mittelwert

Alter	10	11	12	13	14	15	16 Jahre	
P_{20}	63,6	65,9	69,2	70,8	72,9	73,4	75,2	
P_{50}	70,8	73,6	75,8	77,7	81,0	82,3	81,9	
P_{80}	76,9	80,0	82,6	85,2	89,9	91,5	89,4	♂
N	365	559	645	593	500	368	141	
ar.M.	70,5	72,9	75,9	77,8	81,4	82,8	82,2	
P_{20}	64,5	65,4	69,1	71,8	72,9	72,9	71,9	
P_{50}	70,9	73,7	75,9	78,4	80,2	80,4	79,5	
P_{80}	77,3	79,8	81,9	85,2	88,0	88,3	86,3	♀
N	370	589	625	593	456	331	108	
ar.M.	70,8	72,6	75,6	78,5	80,3	80,6	79,3	

Tabelle 7. *Diastolischer Blutdruck im Stehen — nach 8 Min. — im Alter von 10 bis 16 Jahren in mmHg*
Perzentilverteilung ($P_{20-50-80}$) und arithmetischer Mittelwert

Alter	10	11	12	13	14	15	16 Jahre	
P_{20}	64,7	66,6	69,9	71,2	73,6	75,4	75,9	
P_{50}	71,7	74,3	76,7	78,3	81,2	83,3	82,3	
P_{80}	77,3	80,6	83,1	85,7	90,3	91,5	90,7	♂
N	364	558	642	593	498	368	140	
ar.M.	71,2	73,6	76,6	78,3	82,0	83,5	82,5	
P_{20}	64,8	65,8	70,0	72,8	73,6	73,1	71,5	
P_{50}	72,5	74,2	76,8	79,0	80,2	80,3	79,7	
P_{80}	78,2	80,7	83,2	86,0	88,5	88,9	88,9	♀
N	367	589	626	591	455	329	108	
ar.M.	71,6	73,4	76,5	79,1	81,5	81,0	80,0	

Tabelle 8. *Diastolischer Blutdruck unmittelbar nach Belastung im Alter von 10 bis 16 Jahren (im Liegen gemessen) in mmHg*
Perzentilverteilung ($P_{20-50-80}$) und arithmetischer Mittelwert

Alter	10	11	12	13	14	15	16 Jahre	
P_{20}	51,0	51,4	55,5	55,9	57,5	56,1	58,2	
P_{50}	60,4	61,8	63,2	63,2	64,6	62,4	63,3	
P_{80}	70,1	70,8	72,1	71,7	74,4	72,7	73,8	♂
N	364	555	630	586	486	351	133	
ar.M.	60,7	61,4	63,8	63,8	65,4	64,5	64,9	
P_{20}	50,4	50,0	51,9	51,9	52,7	53,2	57,8	
P_{50}	59,3	60,0	60,7	61,4	61,8	61,1	62,1	
P_{80}	68,9	69,4	70,7	71,6	71,0	69,6	70,9	♀
N	368	585	611	558	416	297	95	
ar.M.	59,8	60,1	61,6	62,3	62,4	62,0	63,7	

Tabelle 9. *Ruhepulsfrequenz im Alter von 10 bis 16 Jahren*
Perzentilverteilung ($P_{20-50-80}$) und arithmetischer Mittelwert

Alter	10	11	12	13	14	15	16 Jahre	
P_{20}	70,8	72,0	67,6	67,2	66,6	64,0	63,6	
P_{50}	79,2	78,8	76,0	75,2	76,0	72,8	76,0	
P_{80}	87,6	89,0	87,4	87,2	84,4	84,2	87,0	♂
N	355	555	644	594	501	368	141	
ar.M.	79,2	79,6	77,0	76,4	76,4	74,8	76,0	
P_{20}	72,8	73,4	72,0	69,4	69,0	69,8	71,4	
P_{50}	81,6	82,8	82,0	79,8	80,6	79,8	79,4	
P_{80}	93,8	93,8	91,8	90,2	89,2	89,4	90,6	♀
N	368	589	628	596	456	331	109	
ar.M.	83,4	84,2	81,6	80,4	78,8	79,8	80,4	

Tabelle 10. *Pulsfrequenz im Stehen — nach 4 Min. — im Alter von 10 bis*
16 Jahren
Perzentilverteilung ($P_{20-50-80}$) und arithmetischer Mittelwert

Alter	10	11	12	13	14	15	16 Jahre	
P_{20}	78,6	80,8	80,8	82,0	80,8	83,2	83,0	
P_{50}	88,0	91,6	91,6	92,8	92,8	94,8	95,8	
P_{80}	98,8	101,8	100,6	103,6	103,2	104,4	108,2	♂
N	364	559	644	593	500	367	140	
ar.M.	88,4	91,8	92,0	93,6	93,8	94,4	95,4	
P_{20}	81,8	84,8	84,8	84,8	84,0	86,8	86,4	
P_{50}	90,6	95,6	95,8	96,2	94,0	99,2	98,0	
P_{80}	101,6	106,2	105,0	108,0	104,2	107,6	107,6	♀
N	370	589	625	594	456	331	108	
ar.M.	91,6	96,0	95,8	96,8	95,0	97,8	97,8	

Tabelle 11. Pulsfrequenz im Stehen — nach 8 Min. — im Alter von 10 bis 16 Jahren

Perzentilverteilung ($P_{20-50-80}$) und arithmetischer Mittelwert

Alter	10	11	12	13	14	15	16 Jahre	
P_{20}	80,6	82,8	83,2	83,8	83,2	84,2	83,8	
P_{50}	90,6	93,0	92,2	95,0	96,8	96,0	96,2	
P_{80}	99,8	104,0	104,0	105,6	104,4	105,0	108,2	♂
N	364	558	641	593	498	368	140	
ar.M.	90,6	93,4	93,8	95,2	95,4	95,8	96,4	
P_{20}	84,4	87,0	87,8	87,2	84,6	88,0	89,2	
P_{50}	93,0	96,6	99,2	97,0	96,4	99,4	99,6	
P_{80}	103,2	107,8	108,0	108,0	105,0	109,0	107,4	♀
N	367	589	626	592	454	329	108	
ar.M.	93,8	97,8	97,8	97,6	96,6	98,8	99,4	

Tabelle 12. Pulsfrequenz unmittelbar nach der Belastung im Alter von 10 bis 16 Jahren

Perzentilverteilung ($P_{20-50-80}$) und arithmetischer Mittelwert

Alter	10	11	12	13	14	15	16 Jahre	
P_{20}	80,4	80,6	79,2	80,8	80,2	80,2	79,6	
P_{50}	94,0	92,4	91,0	91,2	90,6	90,6	91,4	
P_{80}	105,0	102,0	103,0	102,0	101,8	99,8	102,4	♂
N	363	555	634	586	485	353	134	
ar.M.	93,6	92,4	91,2	92,0	91,8	90,4	91,6	
P_{20}	89,8	91,0	88,2	88,6	89,8	91,6	99,0	
P_{50}	102,4	101,4	100,0	100,8	101,6	106,6	111,6	
P_{80}	113,6	112,2	112,6	119,2	118,8	121,2	123,0	♀
N	367	583	611	558	417	297	95	
ar.M.	102,2	101,8	100,8	103,2	104,2	106,6	111,8	

Tabelle 13. Weite der Blutdruckamplitude in der Ruhe im Alter von 10 bis 16 Jahren in mmHg

Perzentilverteilung ($P_{20-50-80}$) und arithmetischer Mittelwert

Alter	10	11	12	13	14	15	16 Jahre	
P_{20}	29,9	31,8	30,0	35,6	37,8	39,7	40,6	
P_{50}	38,4	40,2	40,2	43,2	45,7	49,5	49,5	
P_{80}	47,2	49,1	50,1	52,1	56,3	59,4	61,7	♂
N	355	555	645	594	501	368	141	
ar.M.	38,9	40,7	40,4	44,1	46,6	49,9	50,9	
P_{20}	32,6	33,5	33,5	35,2	35,0	37,8	36,3	
P_{50}	39,7	41,8	41,6	42,4	42,4	42,9	43,5	
P_{80}	48,2	50,8	51,0	52,1	51,5	52,0	52,2	♀
N	368	589	628	596	456	331	109	
ar.M.	40,4	42,5	42,1	43,8	43,3	44,6	44,4	

Tabelle 14. Weite der Blutdruckamplitude im Stehen, nach 4 Min., im Alter von 10 bis 16 Jahren in mmHg

Perzentilverteilung ($P_{20-50-80}$) und arithmetischer Mittelwert

Alter	10	11	12	13	14	15	16 Jahr	
P_{20}	27,2	25,0	23,0	24,7	27,5	26,7	27,8	
P_{50}	33,9	32,5	30,7	33,0	34,4	35,5	37,5	
P_{80}	41,6	41,7	40,4	43,8	44,8	44,6	47,5	♂
N	365	559	645	593	500	368	141	
ar.M.	34,6	33,5	31,9	34,5	35,5	36,1	37,2	
P_{20}	27,6	25,0	24,0	22,8	24,4	24,3	24,8	
P_{50}	34,1	32,1	31,7	32,0	32,8	33,1	31,3	
P_{80}	41,6	41,5	41,0	41,4	41,3	41,3	41,6	♀
N	370	589	625	594	456	331	108	
ar.M.	34,7	33,6	33,0	32,5	33,0	33,2	33,1	

Tabelle 15. Weite der Blutdruckamplitude im Stehen, nach 8 Min., im Alter von 10 bis 16 Jahren in mmHg
Perzentilverteilung (P20–50–80) und arithmetischer Mittelwert

Alter	10	11	12	13	14	15	16 Jahre	
P_{20}	25,9	23,0	21,1	23,4	24,6	24,7	25,1	
P_{50}	31,8	31,3	29,2	31,5	32,7	33,7	32,2	
P_{80}	39,2	39,8	39,1	41,9	41,6	41,7	42,0	♂
N	364	558	642	592	498	368	140	
ar.M.	32,9	31,7	30,3	32,8	33,5	34,1	34,2	
P_{20}	25,2	22,7	21,8	21,7	23,6	23,3	23,8	
P_{50}	31,7	30,8	29,7	30,4	31,3	30,5	30,2	
P_{80}	38,9	39,9	39,9	40,2	40,5	39,5	39,6	♀
N	367	589	626	592	456	329	108	
ar.M.	32,5	31,7	31,1	31,0	32,0	31,5	31,3	

Tabelle 16. Weite der Blutdruckamplitude unmittelbar nach Belastung im Alter von 10 bis 16 Jahren in mmHg
Perzentilverteilung (P20–50–80) und arithmetischer Mittelwert

Alter	10	11	12	13	14	15	16 Jahre	
P_{20}	49,4	52,1	52,7	58,0	61,6	66,7	67,5	
P_{50}	62,8	66,1	66,0	69,4	77,5	80,4	80,5	
P_{80}	78,6	79,0	80,8	86,5	93,4	98,9	98,5	♂
N	364	555	631	586	486	351	133	
ar.M.	63,6	66,0	66,8	71,7	77,8	82,2	82,6	
P_{20}	53,0	59,3	61,3	65,6	70,2	69,9	71,7	
P_{50}	68,7	74,1	76,2	80,9	85,4	87,8	85,3	
P_{80}	84,7	89,2	91,6	98,5	100,4	101,7	100,6	♀
N	368	585	611	558	417	297	95	
ar.M.	68,8	74,7	77,1	82,2	85,8	86,8	85,8	

2. Besprechung der Ruhewerte im Längsschnitt

Alle 3 Perzentilgruppen der Mädchen haben mit 10 Jahren einen höheren *syst. Ruheblutdruck* als die entsprechenden Knabengruppen. Nach einem nur mäßigen weiteren Anstieg erreichen sie mit 13—14 Jahren stationäre Werte. Der systol. Blutdruck der Knaben steigt dagegen zwischen 13 und 14 Jahren relativ steil an, so daß ab 14 Jahren alle 3 Gruppen oberhalb von den Mädchenwerten liegen. Mit 15 Jahren entspricht ihr Mittelwert etwa der P_{80}-Marke der Mädchen. Der *diastolische Blutdruck* ist viel gleichförmiger; er steigt bei beiden Geschlechtern nur wenig an, am deutlichsten zwischen 13 und 14 Jahren.

Beim systol. und diastol. Blutdruck ist der Streubereich zwischen P_{20} und P_{80} von Beginn bis Ende der Beobachtungszeit bei der Mädchengruppe zwar angehoben, aber nicht erweitert; bei den Knaben ist er dagegen größer geworden. Der Rückgang der *Pulsfrequenz* ist nach unseren Ergebnissen innerhalb dieser Altersphase geringfügiger als nach sonstigen Veröffentlichungen zu erwarten wäre. Er beträgt bei den Knaben zwischen 10 und 15 Jahren insgesamt rund 5 Schläge pro Minute (nach Lyon-Nelson zwischen 12 und 16 Jahren Rückgang um 10 Schläge pro Minute. Zitiert bei Rutenfranz; [59]). Bei den Mädchen verringert sich die durchschnittliche Pulsfrequenz im gleichen Zeitraum sogar nur um 3,5 je Min.

Auf Grund des labileren Pulsverhaltens ist allen solchen Durchschnittswerten nicht so viel Gewicht beizumessen wie z. B. Blutdruckwerten. Jedoch ist bei dieser auffälligen Diskrepanz zu sonstigen Angaben auch zu diskutieren, ob hier nicht die größere Agilität bzw. leicht hyperthyreotisch gefärbte vegetative Einstellung der heutigen Jugend zum Ausdruck kommt.

Anders wie beim Blutdruck haben die Mädchen in den drei Puls-Perzentilgruppen immer höhere Werte als die Knaben. Dieser grundsätzliche Unterschied zwischen beiden Geschlechtern besteht also bereits vor der Pubertät. Der Streubereich der Knaben, der zunächst erheblich enger ist als derjenige der Mädchen, wird mit 16 Jahren um 4 Schläge pro Minute größer als der mehr gleichförmige Bereich der Mädchen.

Die durchschnittliche Weite der *Ruhe-Amplitude* nimmt bei den Mädchen zwischen 10 und 16 Jahren nur um etwa 4 mm Hg zu; bei den Knaben — selbst bei denjenigen mit relativ kleinen Werten ($= P_{20}$) — wird die Amplitude dagegen um rund 11 mm größer. Ein Vergleich mit dem Anstieg des syst. Blutdrucks zeigt, wie sehr die Amplitudenweite in der Ruhe an dessen Höhe gebunden ist. Bei der P_{20}-Gruppe der Knaben steigt der syst. Blutdruck um 12,8 mm Hg an, bei der P_{80}-Gruppe um 16 mm Hg. Die entsprechenden Zahlen bei den Mädchen sind +7,5 und +8,0 mm Hg.

Die folgenden Tabellen zeigen die prozentuale Verteilung der Kreislaufwerte mit ihrer ganzen Streubreite für Knaben und Mädchen.

Tabelle 17. *Prozentuale Verteilung der Einzelwerte des systolischen Ruheblutdrucks bei den Knaben von 10 bis 16 Jahren (N wie in Tabelle 1)*

Alter	10	11	12	13	14	15	16 Jahre
mmHg	%	%	%	%	%	%	%
80	0,3	—	—	—	—	—	—
85	1,4	0,5	0,3	0,2	—	—	—
90	3,9	3,6	5,0	1,4	0,8	0,3	—
95	14,4	9,9	10,2	5,7	1,8	0,3	—
100	17,5	15,9	11,9	11,1	6,4	4,3	1,4
105	24,7	24,4	24,8	20,4	11,6	4,1	7,1
110	17,2	16,2	17,7	19,0	18,5	17,7	17,0
115	12,9	17,3	14,0	18,0	13,8	14,4	12,1
120	4,2	4,5	7,1	11,8	18,2	23,9	27,0
125	1,7	4,5	6,4	7,9	11,0	11,3	12,8
130	1,1	2,2	1,2	2,0	9,2	14,7	12,8
135	0,6	0,9	0,6	1,4	3,4	3,5	3,5
140	—	0,2	0,3	0,3	3,8	4,1	4,3
145	—	—	—	0,2	0,8	0,3	0,7
150	—	—	—	0,2	0,6	0,8	0,7
155	—	—	0,2	—	—	—	—
160	—	—	—	—	0,2	0,3	0,7
165	—	—	0,2	—	—	—	—
170	—	—	—	—	—	0,3	—

Tabelle 18. *Prozentuale Verteilung der Einzelwerte des systolischen Ruheblutdrucks bei den Mädchen von 10—16 Jahren (N wie in Tabelle 1).*

Alter	10	11	12	13	14	15	16 Jahre
mmHg	%	%	%	%	%	%	%
85	0,3	0,3	0,5	—	—	—	—
90	1,6	1,5	1,6	1,0	0,2	—	—
95	13,6	6,3	7,7	4,5	3,5	2,4	0,9
100	15,8	10,9	13,4	11,8	8,1	6,3	9,2
105	25,0	30,0	24,0	18,8	12,0	11,8	11,9
110	20,9	15,1	17,2	20,6	23,3	28,7	26,6
115	11,7	18,7	16,4	15,4	18,0	15,1	16,5
120	5,9	9,2	9,2	11,6	18,9	18,4	17,9
125	3,8	5,3	6,0	9,4	6,8	5,1	8,2
130	1,1	1,6	1,9	3,7	7,7	8,8	7,3
135	—	0,9	0,8	1,5	1,1	1,2	—
140	0,3	—	0,6	0,8	0,2	1,5	0,9
145	—	0,2	0,6	0,3	—	—	—
150	—	—	—	0,3	—	0,6	0,9
155	—	—	—	—	—	—	—
160	—	—	—	—	0,2	—	—
165	—	—	—	0,2	—	—	—

Tabelle 19. Prozentuale Verteilung der Einzelwerte des diastolischen Ruheblutdrucks bei den Knaben von 10—16 Jahren (N wie in Tabelle 5).

Alter	10	11	12	13	14	15	16 Jahre
mmHg	%	%	%	%	%	%	%
25	—	—	—	0,2	—	—	—
30	—	—	—	—	—	—	—
35	—	—	—	—	—	—	—
40	0,3	0,5	0,2	—	—	—	—
45	—	0,5	0,3	—	—	0,3	—
50	3,0	3,6	1,6	2,9	1,6	1,6	1,4
55	9,8	7,0	6,2	4,4	2,8	3,3	6,4
60	18,9	15,7	18,0	22,3	18,0	19,0	19,9
65	22,8	25,4	28,1	23,9	13,4	13,9	9,2
70	21,4	22,7	20,3	23,7	27,5	28,3	30,3
75	17,5	15,5	14,2	13,3	17,6	12,2	11,4
80	4,7	7,4	8,1	6,9	11,2	13,6	15,6
85	1,7	1,3	2,2	1,5	3,4	4,4	4,3
90	—	0,4	0,6	1,0	2,6	2,4	0,7
95	—	—	0,3	—	1,6	0,8	0,7
100	—	—	—	—	0,4	0,3	—

Tabelle 20. Prozentuale Verteilung der Einzelwerte des diastolischen Ruheblutdrucks bei den Mädchen von 10—16 Jahren (N wie in Tabelle 5).

Alter	10	11	12	13	14	15	16 Jahre
mmHg	%	%	%	%	%	%	%
30	—	—	—	—	—	0,3	—
35	—	—	—	—	—	—	—
40	—	—	—	—	—	—	—
45	0,8	0,3	0,2	0,2	—	—	—
50	4,1	3,4	2,4	1,7	1,8	1,5	0,9
55	7,3	8,9	6,5	4,4	1,3	3,6	1,8
60	19,3	16,0	20,7	20,6	17,3	14,2	12,8
65	24,7	27,2	21,8	18,1	14,9	15,2	21,1
70	18,8	18,6	21,0	27,4	23,0	33,3	32,1
75	18,8	18,4	17,8	16,8	22,0	11,5	15,6
80	4,6	5,3	7,0	6,2	14,0	13,3	10,1
85	1,7	1,5	1,2	3,4	3,5	2,7	3,7
90	—	0,7	1,0	0,7	1,5	3,6	1,8
95	—	—	0,2	0,5	0,7	0,3	—
100	—	—	0,2	0,2	—	—	—
105	—	—	—	—	—	—	—
110	—	—	—	—	—	0,3	—

Tabelle 21. Prozentuale Verteilung der Ruhepuls-Frequenz bei den Knaben von 10—16 Jahren (N wie in Tabelle 9).

Alter	10	11	12	13	14	15	16 Jahre
Frequenz/ Min.	%	%	%	%	%	%	%
48	—	—	—	—	0,2	0,3	0,7
52	—	0,4	1,2	1,3	1,0	2,2	2,8
56	1,1	0,7	2,1	1,8	2,4	4,3	6,4
60	3,7	3,4	6,7	7,4	8,2	8,2	7,8
64	3,7	6,1	7,6	8,7	8,4	11,7	12,1
68	9,0	9,5	14,0	17,3	14,2	13,1	7,1
72	14,4	12,8	15,1	12,8	12,2	13,6	8,5
76	11,8	12,8	6,8	6,5	8,4	10,0	12,0
80	22,9	17,5	16,2	15,5	20,5	13,9	12,0
84	10,4	10,1	9,2	9,8	8,2	7,3	10,6
88	8,2	8,8	8,7	8,1	6,6	4,3	4,4
92	6,2	7,6	5,1	3,2	2,6	4,6	4,4
96	3,7	4,6	2,8	1,2	2,4	2,2	3,5
100	2,8	2,9	2,8	4,2	2,6	1,6	5,7
104	1,1	1,3	0,8	1,5	0,6	0,8	1,4
108	0,8	0,9	0,3	0,5	0,2	1,1	—
112	0,3	0,2	0,2	—	0,4	—	—
116	—	0,2	—	—	—	0,8	0,7
120	—	0,3	—	—	0,6	—	—
124	—	—	—	—	—	—	—
128	—	—	0,2	—	—	—	—
132	—	—	—	—	—	—	—
136	—	—	—	—	0,2	—	—
140	—	—	0,2	—	0,2	—	—
144	—	—	—	—	—	—	—
148	—	—	—	0.2	—	—	—

Tabelle 22. *Prozentuale Verteilung der Ruhepuls-Frequenz bei den Mädchen von 10—16 Jahren (N wie in Tabelle 9).*

Alter	10	11	12	13	14	15	16 Jahre
Frequenz/ Min.	%	%	%	%	%	%	%
36	—	—	0,2	—	—	—	—
40	—	—	—	—	—	—	—
44	—	—	—	0,2	0,2	—	—
48	—	—	—	—	—	—	—
52	—	—	0,2	0,7	1,1	—	—
56	—	0,2	0,9	0,5	1,1	2,1	1,8
60	1,4	1,9	2,5	4,7	3,7	5,7	0,9
64	2,4	2,7	4,3	6,7	4,8	5,4	7,3
68	6,8	5,8	9,6	12,4	16,7	8,2	8,2
72	13,8	11,2	11,2	10,6	11,4	10,3	13,7
76	8,4	8,1	6,8	7,0	7,4	10,9	15,6
80	18,5	17,7	18,0	19,1	20,8	21,2	12,8
84	10,0	11,2	11,0	10,9	7,7	10,0	12,8
88	10,3	10,5	12,1	9,2	9,0	9,7	7,3
92	8,4	11,2	7,3	4,3	6,8	6,0	9,2
96	7,1	5,8	4,0	3,7	3,3	2,7	4,6
100	7,3	5,3	6,5	4,3	3,1	3,9	0,9
104	3,2	3,6	1,9	2,7	1,7	2,4	1,8
108	1,1	3,2	0,9	1,2	0,9	1,5	1,8
112	0,3	1,0	0,2	0,2	—	—	—
116	0,3	0,2	0,3	0,3	0,2	—	—
120	0,3	0,2	0,2	0,7	—	—	0,9
124	0,3	0,3	0,2	—	—	—	—
128	—	—	—	—	—	—	—
132	—	—	—	0,2	—	—	—
136	—	—	—	0,2	—	—	—
140	—	—	—	—	—	—	—
144	—	—	—	—	—	—	—
148	—	—	—	—	—	—	—
152	—	—	—	—	—	—	—
156	—	—	—	—	—	—	—
160	—	—	—	—	—	—	—
164	—	—	—	0,2	—	—	—

3. Besprechung der Stehversuchwerte im Längsschnitt

Die Tabellen 2 und 3 zeigen die Perzentilwerte des systolischen Blutdrucks nach 4 bzw. 8 Minuten Stehen. In jeder Altersklasse gehen diese Werte nach 4 Minuten nur ganz geringfügig, nach 8 Minuten etwas stärker zurück, wobei die Differenzen keine deutliche Altersabhängigkeit zeigen. Den systolischen Blutdruck berührt also eine so kurze Stehbelastung kaum. Dies gilt für alle drei Perzentilgruppen der Knaben wie der Mädchen.

Der diastolische Blutdruck reagiert dagegen mit erheblicher Änderung auf die gleiche kurzfristige Stehbelastung, wie aus den Tabellen 6 und 7 hervorgeht. Dabei tritt diese Änderung im Wesentlichen bereits nach 4 Minuten ein. Während der systolische 8-Minuten-Stehwert unserer 7 Altersklassen um rund 1 bis 2 mmHg absinkt, steigt der diastolische 8-Minuten-Stehwert zwischen 10 und 16 Jahren um 5,2 bis 12,7 mmHg über den Ruhewert an (P_{50} der Knaben). Bei den Mädchen sind die entsprechenden Zahlen − 2,5 bis − 1,3 systolisch und + 6,3 bis + 10,2 diastolisch.

Von 14 Jahren ab liegen die diastolischen 8-Minuten-Stehwerte der Knaben an allen drei Perzentilmarken höher als die der Mädchen, und besonders die Knaben mit relativ niedrigem diastolischen Ruhe-Blutdruck zeigen nach 8 Minuten Stehen einen ausgeprägten Anstieg bis zu + 15,4 mmHg.

Daraus ergibt sich für die Stehamplituden folgendes (Tab. 14 u. 15):

Die Differenz zwischen Knaben- und Mädchenwerten ist jetzt geringer als in der Ruhe; das gilt für alle 3 Perzentilmarken. Bei beiden Geschlechtern ist die Weite der Stehamplitude mit 16 Jahren kaum anders wie mit 10 Jahren. Die funktionelle Veränderung während des Wachstums zeigt sich erst, wenn man diese Werte zu den Ruhewerten des gleichen Alters in Beziehung setzt. Dann wird eine im Längsschnitt erheblich zunehmende Verminderung der Amplitudenweite im Stehversuch deutlich, die stärkere Belastung nach 8 Minuten ist einwandfrei zu erkennen, und die stärksten Veränderungen zeigen die älteren Knaben. In Tabelle 23 sind diese Zahlen aufgeführt, des besseren Überblicks wegen nur für die P_{50}-Gruppen. Im Wesentlichen ist also die Abnahme der Amplitudenweite im Stehversuch bedingt durch ein Ansteigen des diastol. Blutdrucks. Die stärkste Verengung tritt bei den Knaben später ein als bei den Mädchen und ist offensichtlich der Höhe der Pubertät zuzuordnen.

Im Hinblick auf die Frage orthostatischer Symptomatik ist festzuhalten, daß bei über 80 % aller Knaben und Mädchen auch nach 8 Minuten Stehen die absolute Amplitudenweite noch größer als 20 mmHg ist (Tab. 15). Die Entwicklung der Stehpuls-Werte (Tab. 10 u. 11) zeigt funktionell die gleichen Tendenzen, wie wir sie eben bei der Amplitude sahen. Während die Frequenz in der Ruhe niedriger wird, steigt sie während des Stehens im Längsschnitt an, woraus sich eine zunehmende Differenz gegenüber den Ruhewerten ergibt. Die Mädchenwerte sind in den 3 Perzentilgruppen stets etwas höher als die der Knaben, die absolute Frequenzzunahme gegenüber der Ruhe ist jedoch bei den Knaben noch etwas höher (Tab. 24).

Im Pulsverhalten besteht mithin bei beiden Geschlechtern mindestens bis zum 16. Lebensjahr eine zunehmende Labilität während des Stehversuchs.

Tabelle 23. Verminderung der Amplitudenweite im Vergleich zum Ruhewert im Alter von 10 bis 16 Jahren.
Obere Zeile nach 4 Min. Stehen, untere Zeile nach 8 Min. Stehen.
(Absolute Werte in mmHg.)

Alter	10	11	12	13	14	15	16 Jahre	
P_{50} ♂	um 4,5	7,7	9,5	10,2	11,3	14,0	12,0 mmHg	nach 4 Min.
„	6,6	8,9	11,0	11,7	13,0	15,8	17,3 „	„ 8 Min.
P_{50} ♀	5,6	9,7	9,9	10,4	9,6	9,8	12,2 „	„ 4 Min.
„	8,0	11,0	11,9	12,0	12,1	12,4	13,3 „	„ 8 Min.
N wie in Tabelle 1—16								

Tabelle 24. Absolute Zunahme der Pulsfrequenz pro Minute nach 4 und 8 Min. Stehen zwischen 10 und 16 Jahren im Vergleich zum Ruhewert.

Alter	10	11	12	13	14	15	16 Jahre	
P_{50} ♂	+ 8,8	12,8	15,6	16,6	16,8	22,0	19,8	nach 4 Min.
„	+ 11,4	14,2	16,2	19,8	20,8	23,2	20,2	„ 8 Min.
P_{50} ♀	+ 9,0	12,8	13,8	16,4	13,4	19,4	18,6	„ 4 Min.
„	+ 11,4	13,8	17,2	17,2	15,8	19,6	20,2	„ 8 Min.
N wie in Tabelle 1—16								

4. Besprechung der Belastungswerte im Längsschnitt

Wie schon in dem Vorbericht [43] gezeigt wurde, ist die Höhe des systolischen Blutdrucks gleich nach Belastung in ihrer Längsschnittentwicklung charakteristisch für den Unterschied der Geschlechter an sich sowie für den Termin des wesentlichen Ansteigens (Tab. 4).

In allen Altersklassen liegen alle Werte der Mädchen höher als die entsprechenden Perzentilmarken der Knaben, jedoch sind zu Beginn und Ende der Pubertät die Unterschiede geringer als in den Jahren des intensivsten Reifegeschehens. Für jede Perzentilgruppe ergibt sich dadurch, daß die Mädchenwerte früher ansteigen, ein sehr deutliches Auseinanderweichen der männlichen und weiblichen Belastungskurven (vgl. Abb. 2, d). Bei beiden Geschlechtern erfolgt die Phase des steilsten Anstiegs für die Gruppe mit relativ hohen Blutdruckwerten (P_{80}) in früherem Alter als bei den Kindern mit niedrigen Belastungswerten.

Wie später gezeigt wird, befindet sich unter den Probanden mit höheren Blutdruckwerten ein erhöhter Prozentsatz Frühentwickelter (vergl. Tab. 49), so daß beim Belastungswert die entwicklungsbedingte Komponente des systolischen Blutdruckanstiegs einerseits im Zeit-Unterschied zwischen Mädchen und Knaben, andererseits im Unterschied der Perzentilgruppen innerhalb der Geschlechter noch deutlicher wird als bei den Ruhewerten. Der Streubereich zwischen P_{20} und P_{80} erweitert sich in den sechs Beobachtungsjahren bei beiden Geschlechtern.

Tabelle 8 gibt die Werte des diastolischen Blutdrucks nach Belastung wieder. Die Mädchenwerte sind in allen drei Perzentilgruppen über die sechs Jahre hin niedriger als die der Knaben. Der Unterschied ist aber nicht groß. Für beide Geschlechter steigt der Wert in der Beobachtungszeit an und die Streubreite zwischen P_{20} und P_{80} nimmt — ebenfalls bei beiden — erheblich ab.

Diese verschiedene Reaktion des systolischen resp. diastolischen Blutdrucks auf die Belastung ergibt einen eindrucksvollen Unterschied in den Amplitudenweiten, der aus Tabelle 16 zu entnehmen ist. Besonders die 11- bis 14-jährigen Mädchen sind durch körperliche Belastung sichtlich stärker irritiert als die gleichaltrigen Knaben. Diese Unterschiede sind in Tabelle 25 zusammengestellt, die erkennen läßt, wieviel ähnlicher Knaben und Mädchen an Beginn und Ende der Pubertät sich verhalten als in der Pubertätshochphase.

Tabelle 25. Differenz in der Amplitudenweite zwischen Mädchen und Knaben, unmittelbar nach der Belastung gemessen. Mädchen minus Knaben, in mmHg. Veränderungen dieser Differenz während der Pubertät für die Amplitudenperzentilgruppen $P_{20-50-80}$ (N wie in Tab. 16).

Alter	10	11	12	13	14	15	16 Jahre	
	3,6	7,2	8,6	7,6	8,6	3,2	4,2	P_{20}
♀ − ♂	5,9	8,2	10,2	11,5	7,9	7,4	4,8	P_{50}
	6,1	10,2	10,8	12,0	7,0	2,8	2,1	P_{80}

Gegen Ende der Pubertät reagieren Mädchen jedoch auf körperliche Anstrengung grundsätzlich anders wie männliche Jugendliche. Dies zeigen die Zahlen für den Puls nach Belastung in Tabelle 12. Zwar geht die Arbeitspulsfrequenz auch bei den Knaben in dieser Altersphase überraschend wenig zurück, bleibt nahezu gleich. Sie liegt aber immerhin von 12 Jahren ab unter derjenigen der Stehwerte. Die Arbeitspulswerte der Mädchen sind jedoch beträchtlich höher als ihre Stehpulse und steigen mit dem Älterwerden noch stärker als diese an. So liegt der Puls der 10 jährigen Mädchen nur um durchschnittlich 8 Schläge pro Minute höher als der 10 jähriger Knaben nach der gleichen Belastung, während die 16 jährigen Mädchen durchschnittlich um 20 Schläge pro Minute mehr als die 16 jährigen Knaben aufweisen. Das gilt wiederum für alle drei Perzentilbereiche (vgl. Abbildung 2, f). Wieder tritt die stärkste jährliche Frequenzzunahme bei der Gruppe mit den relativ hohen Arbeitspulswerten in früherem Alter auf als bei den mehr Bradykarden, die die größte Jahreszuwachsrate erst im 16. Jahr haben. Bedenkt man, daß die Frequenzzunahme nach Belastung ein sexualdifferentes Merkmal ist, spricht dieser Befund wieder für einen erhöhten Anteil frühentwickelter Mädchen bei der Gruppe mit relativ hoher Belastungsfrequenz.

Abb. 2, f läßt entwicklungsspezifisches Verhalten auch beim Arbeitspuls erkennen. Im Individualfall ist dieser Wert besonders labil, so daß erst große Probandenzahlen solche Aufschlüsse geben.

Abschließend bringen wir die Übersichtskurven der Regulationsprüfung bei Mädchen und Jungen aus unserem Vorbericht [43], (Abb. 3 u. 4), die auf engem Raum die wesentlichen bisher besprochenen Fakten darstellen.

Um dem Leser für eigene Untersuchungen eine rasche Orientierung darüber zu ermöglichen, ob die Schellongwerte seiner Patienten im Rahmen der Norm liegen, haben wir im Anhang die Grenzwerte des mittleren Bereichs zwischen Perzentil 20 und 80 von Blutdruck und Pulsfrequenz für sämtliche Altersklassen auf einem Blatt zusammengestellt; Tab. 51 Knaben, Tab. 52 Mädchen.

Aus der Darstellungsart auf dem Original-Maßstab ergibt sich eine optische Vereinfachung. Unser Formular ist so gestaltet, daß der Maßstab für Puls- und Blutdruckwerte sich ziffernmäßig deckt. Dies hat zur Folge, daß die Stehpulskurve der Perzentilgruppe 80 und die Kurve der systolischen Stehwerte der Perzentilgruppe 20 bei den Knaben der so besonders interessierenden Altersstufen 14, 15 und 16 Jahre sich nicht berühren. Kreuzt nun z. B. bei einer Lehrlingsuntersuchung die Pulskurve diejenige des systolischen Blutdrucks, so kann schon hieraus ein auffälliges Kreislaufverhalten diagnostiziert werden, denn entweder ist der systolische Blutdruck besonders niedrig resp.

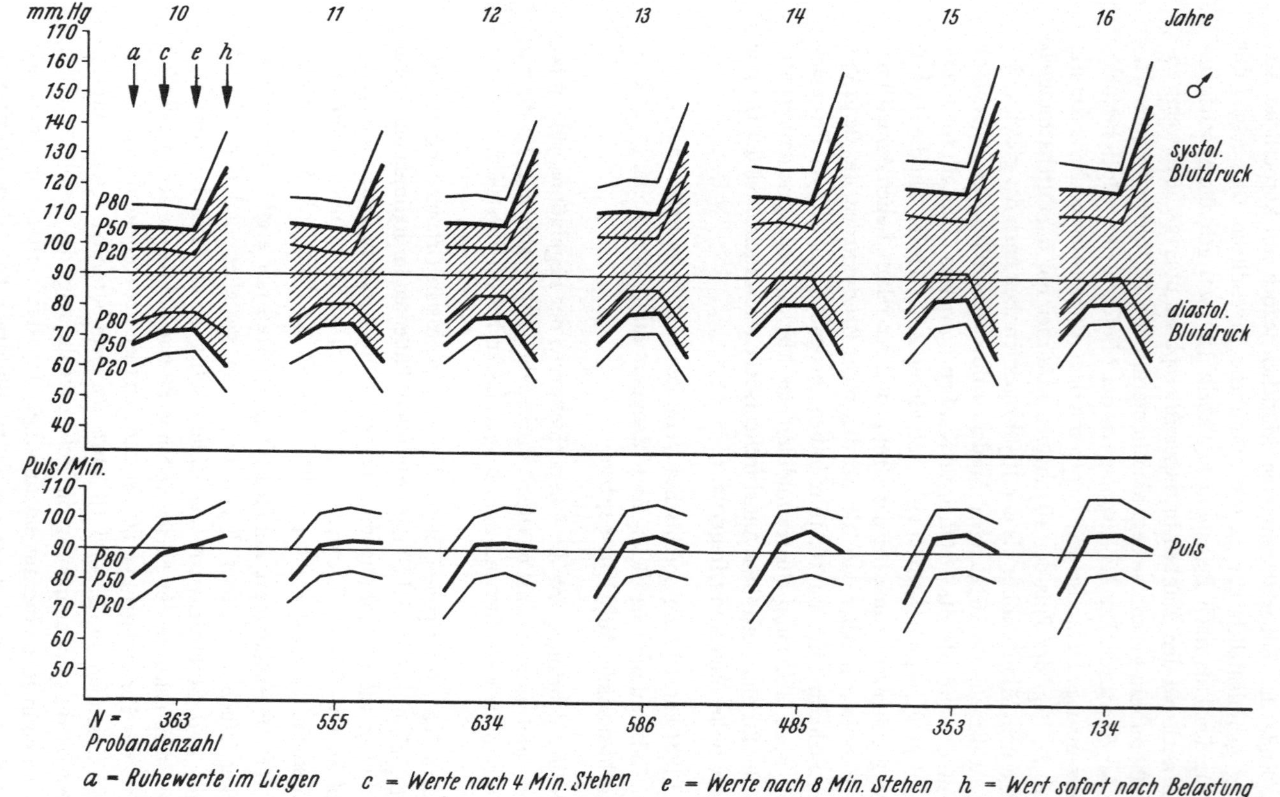

Abb. 3. Die jährliche Regulationsprüfung (4 Meßpunkte) zwischen 10 und 16 Jahren bei demselben *Knaben*-Kollektiv.

Dargestellt sind die Perzentilwerte 20, 50 und 80, die schraffierte Fläche entspricht dem Amplitudenbereich bei P 50. (Aus E. u. G. Mansfeld: Veränderungen der Kreislaufregulation in der Pubertät. Der öffentl. Gesundheitsdienst, Jg. 25, H. 11, 1963)

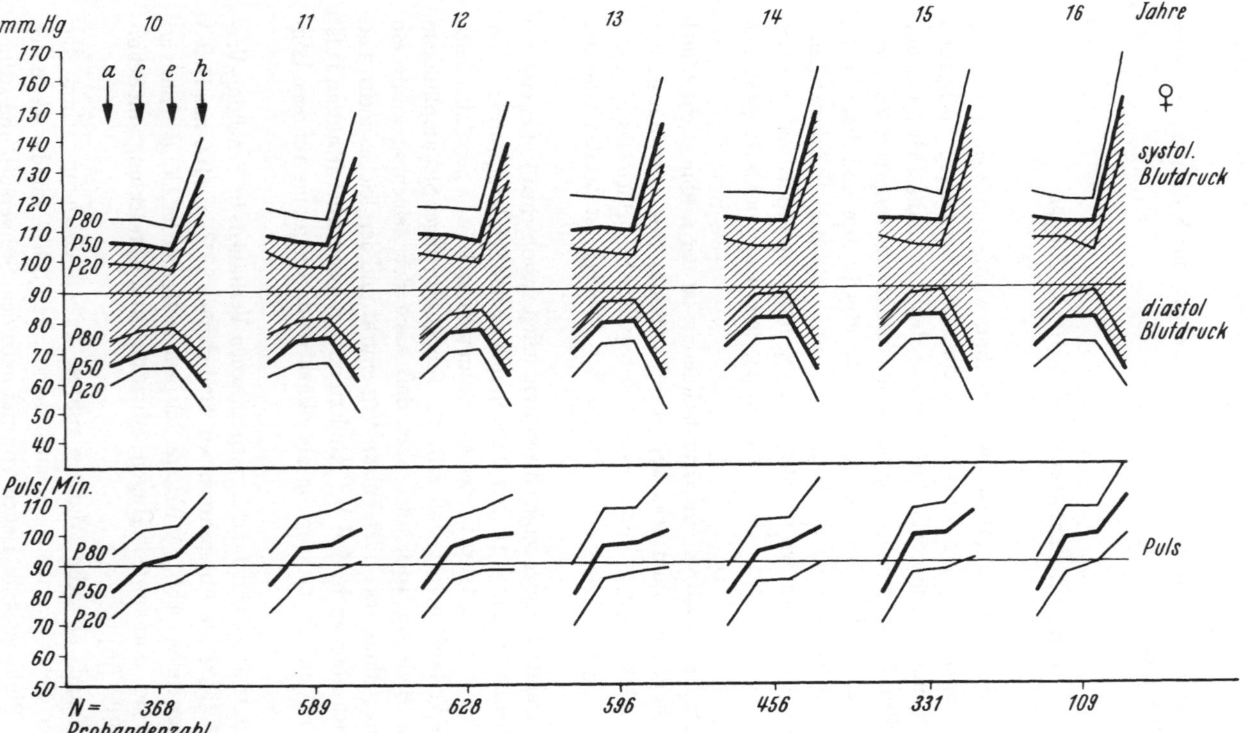

Abb. 4. Die jährliche Regulationsprüfung (4 Meßpunkte) zwischen 10 und 16 Jahren bei demselben *Mädchen*-Kollektiv. Dargestellt sind die Perzentilwerte 20, 50 und 80, die schraffierte Fläche entspricht dem Amplitudenbereich bei P50. (Aus E. u. G. Mansfeld: Veränderungen der Kreislaufregulation in der Pubertät, der öffentl. Gesundheitsdienst, Jg. 25, H. 11, 1963)

im Stehen stark abgesunken, oder die Pulsfrequenz ist überdurchschnittlich angestiegen.

Bei den Mädchen ist diese optische Erleichterung durch die primär höhere Pulslage leider nicht gegeben.

Kurzer Bericht über ältere Veröffentlichungen

Wie schon im Abschnitt „Methodik" erwähnt, wurde vor Beginn der maschinellen Aufarbeitung die Auswertung einer repräsentativen Stichprobe durchgeführt, um eine sinnvolle Auswahl aus den zu umfangreichen Gesamtdaten zu treffen. Diese Individualbetrachtung ermöglichte einige Feststellungen, die in der maschinellen Methode unberücksichtigt blieben und deshalb hier nochmals festgehalten werden. Insgesamt wurden sie in Heft 3 dieser Reihe veröffentlicht [46]. Soweit wir die gleichen Fragen nun an großen Zahlen überprüfen konnten, zeigt sich Übereinstimmung mit den damals festgestellten Tendenzen.

Weitere Ergebnisse waren: Im Grundschulalter ist der arithmetische Mittelwert des systolischen Blutdrucks weitgehend stationär bzw. wird nur geringfügig höher, bis er gegen Ende des 9. Lebensjahres bei beiden Geschlechtern steiler anzusteigen beginnt. Das Tempo des Anstiegs ist bei den Mädchen rascher.

Auch im Grundschulalter zeigen die individuellen systolischen Ruhewerte nur geringe Schwankungen. — In den Kurvenbildern der Schellong-Aufzeichnungen der ersten 4 bis 5 Jahre fanden sich dann sehr viele Fälle persönlichkeitsspezifischen Verlaufs derart, daß z.B. die Tendenz zu enger Stehamplitude in jedem Jahr eindeutig war, oder aber daß nach der Belastung kaum ein nennenswerter Blutdruck- oder Pulsanstieg eintrat und dergleichen mehr. Dabei zeigte sich aber auch, daß bei Kindern mit orthostatischer Reaktion Pulsanstieg oder Amplitudeneinengung als vikariierende Symptome auftreten können.

Zur Demonstration persönlichkeitsspezifischen Verhaltens im Schellong-Versuch über 5 Jahre hin übernehmen wir die Beispiele 3356 u. 3460 aus Heft 3 (S. 16) dieser Reihe (Abb. 5). Weitere Beispiele individueller Längsschnittverläufe finden sich dort sowie in Hagen: Wachstum und Entwicklung von Schulkindern im Bild [16].

Für die Frage, ob zehn Minuten ruhiges Stehen überhaupt schon eine nennenswerte Belastung für ein Kind bedeuten, verglichen wir die Werte des systolischen Blutdrucks im Liegen vor und nach dem Stehversuch und stellten fest, daß 54,5 % der Jungen und 58 % der Mädchen ihren niedrigsten Wert nach

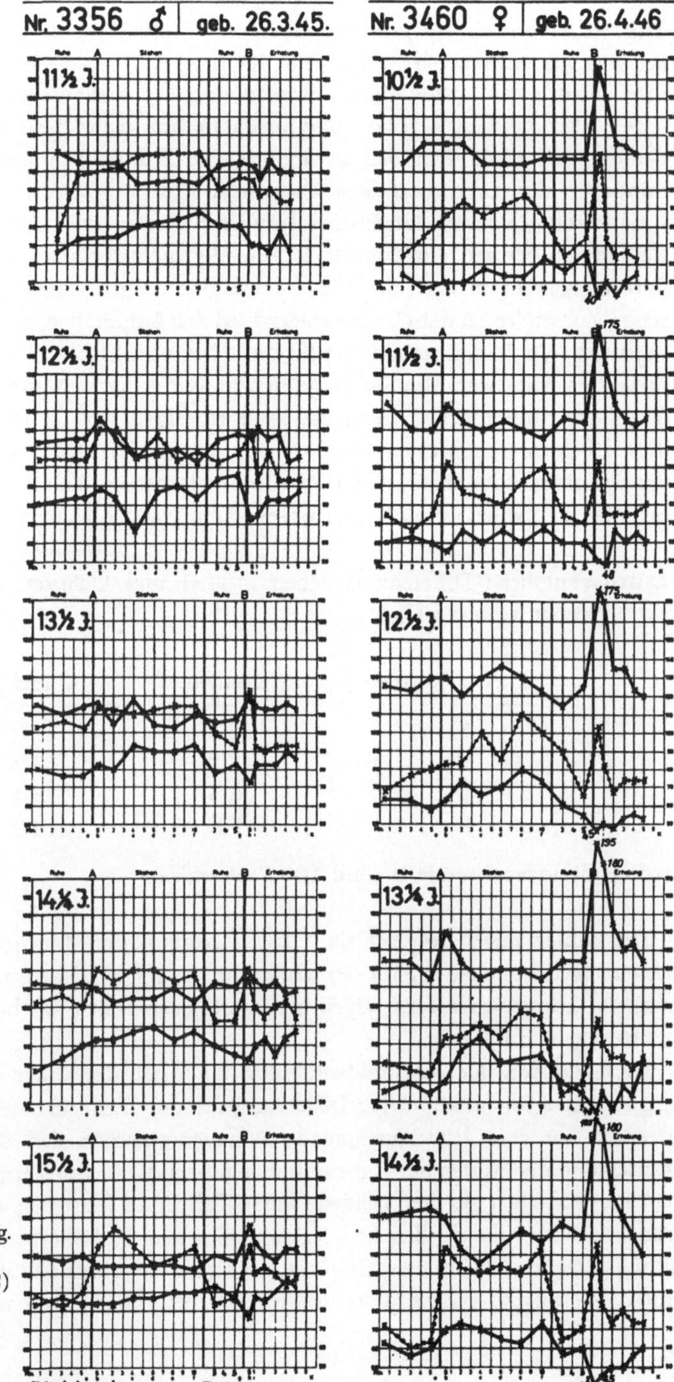

Abb. 5.
2 Beispiele für persönlichkeitsspezifisches Verhalten im Schellong-Versuch über 5 Jahre hinweg. (Aus Heft III Wiss. Jugendkunde, 1962)

dem Stehen hatten, entsprechend auch die Amplitude zu diesem Zeitpunkt kleiner war als vorher. Nur 26,5 % der Knaben und 19,2 % der Mädchen hatten
ihren niedrigsten systolischen Ruhewert vor dem Stehversuch (der Rest hatte
jeweils den gleichen Wert vor- und nachher). Man kann diese Befunde wohl so
deuten, daß nach dem Stehen eine gewisse Erholungsphase abläuft — zumindest in der von uns erfaßten Altersstufe.

Es ist oft schwierig, im Einzelfall subjektive orthostatische Symptome durch
Befunde zu belegen. Andererseits ist eine allgemeine orthostatische Tendenz er-
fahrungsgemäß in der Pubertät physiologisch. Ein Symptom des orthostatischen Zustandes ist der Größenunterschied der Amplituden innerhalb des Stehversuchs. Wir berechneten daher für das Alter von 11 bis 14 Jahren den arithmetischen Mittelwert sämtlicher größter individueller Stehamplituden sowie aller engster individueller Werte und konnten zeigen, daß die Differenz zwischen
diesen beiden Mittelwerten von Jahr zu Jahr größer wird (hierbei ist der Faktor des altersbedingten systolischen Blutdruckanstiegs also eliminiert). Wir geben hier die Zahlen in mmHg für unser damaliges Kollektiv wieder:

Durchschnittliche Differenz zwischen größter und kleinster Amplitudenweite
im Stehversuch (in mmHg)

Alter in Jahren	Knaben	Mädchen
11	12,2	15,2
12	16,2	17,7
13	16,5	18,4
14	17,3	19,0

Jede Einzelgruppe umfaßt rund 180 Probanden.

Die Zahlen zeigen zugleich die stärkere Labilität der Mädchen. Den größten
Unterschied konnten wir an der Untergruppe der Mädchen und Knaben mit
starkem Längenwachstum zeigen, den geringsten stellten wir bei Mädchen mit
athletischem Habitus fest.
Diese zunehmende Amplitudenlabilität innerhalb der Phase des Stillstehens
ergänzt in ihrer funktionellen Bedeutung die auf Seite 48 und in Tabelle 23
gezeigte mit dem Alter zunehmende Differenz zwischen den Stehamplituden-
werten und den Werten der Ruheamplituden beim Kollektiv. Ferner konnten wir
ein Pulsverhalten gleicher Tendenz wie in Tabelle 24 feststellen, wobei wir aber
den höchsten individuellen Steh-Pulswert mit dem Ruhewert verglichen. Auch
damals zeigte sich bei den Mädchen schon ein Absinken der Stehfrequenz mit
etwa 14 Jahren, wie es weiter unten (auf Seite 66) besprochen wird, jedoch

konnten wir noch nicht erkennen, daß es sich um ein vorübergehendes
Phänomen handelt, das z.B. bei den Reife-Untergruppen in verschiedenem
Alter auftritt und in allen Mittelwertskurven, auch der Knaben, zumindest an-
gedeutet vorhanden ist.

Als letzter Punkt der damaligen Ergebnisse sei hier angeführt, daß wir bei
den Knaben von 12 bis 14 Jahren auch den „Aufsteh-Effekt" untersuchten. Es
zeigte sich, daß unmittelbar nach dem Erheben aus der Ruhelage der systolische Blutdruck etwa um 4 mmHg durchschnittlich anstieg, während er nach
6 und 10 Min. Stehen um rund 1 mm unter dem Ruhewert lag. Der diastolische Blutdruck stieg kontinuierlich an. Der Puls ließ im Mittel einen Aufsteh-
effekt nicht erkennen (N der drei Jahrgänge 66, 189, 115).

C) Untergruppen mit verschiedenem Kreislaufverhalten

1. Varianten im Reifealter

Beim Kollektiv zeigte die graphische Darstellung der Längsschnittwerte ein Auseinanderweichen der Knaben- und Mädchenkurven, vor allem bei dem systolischen Belastungsblutdruck. Ein korrespondierendes Auseinanderweichen und Wiederannähern zeigen innerhalb der beiden großen Gruppen Knaben— Mädchen jeweils die Untergruppen früh- bzw. spätentwickelter Jugendlicher. In großen Zügen haben wir dies in dem schon erwähnten Vorbericht „Veränderungen der Kreislaufregulation in der Pubertät" angeführt [43].

Wir haben allen Grund anzunehmen, daß bei Funktionen, die in der Kinderzeit und im Erwachsenenalter bei beiden Geschlechtern sich entsprechen, während der Pubertät aber ein unterschiedliches Verhalten zeigen, daß bei solchen vorübergehenden Divergenzen des Verhaltens der Reifefaktor ausschlaggebend ist.

Wir haben primär vermutet, daß für die Streuung innerhalb unseres Kollektivs vor allem Varianten im Entwicklungstempo ursächlich in Frage kommen. Deshalb wurden zunächst Gruppen von Früh- und Spätentwicklern gebildet nach eingehender kritischer retrograder Beurteilung der Reifedaten jedes einzelnen Untersuchungskindes (vgl. hierzu die ausführlicheren Angaben im Abschnitt „Definitionen" Seite 22). Von diesen haben wir die Individualwerte des Schellong-Längsschnitts aus den Lochkartengrundlisten herausgelesen und ebenfalls nach arithmetischem Mittelwert und Perzentilgruppen berechnet.

Für die Ruhewerte von Blutdruck und Puls geben wir die $P_{20-50-80}$-Kurven im Längsschnitt von $10-16$ Jahren bei diesen Varianten im Entwicklungstempo in Abb. 6 wieder.

Die Abbildung gibt zugleich — entsprechend Abb. 1 — einen Anhalt für die Streubreite und läßt erkennen, wie die Unterschiede zwischen Knaben und Mädchen in jeder Perzentilgruppe gleichsinnig bestehen.

Da sich in allen Fällen zwischen dem Stehwert nach 4 Min. und dem Stehwert nach 8 Min. keine andersgerichteten oder bedeutenderen Unterschiede als beim Kollektiv ergaben, haben wir auf die Anführung der 4-Min.-Werte verzichtet und geben im folgenden die Zahlen für die arithmetischen Mittelwerte von Blutdruck und Puls bei früh- bzw. spätentwickelten Knaben und Mädchen im Längsschnitt:

für die Ruhewerte in Tab. 26 für die Belastungswerte in Tab. 28

für die Stehwerte in Tab. 27 für die Amplitudenweiten in Tab. 29

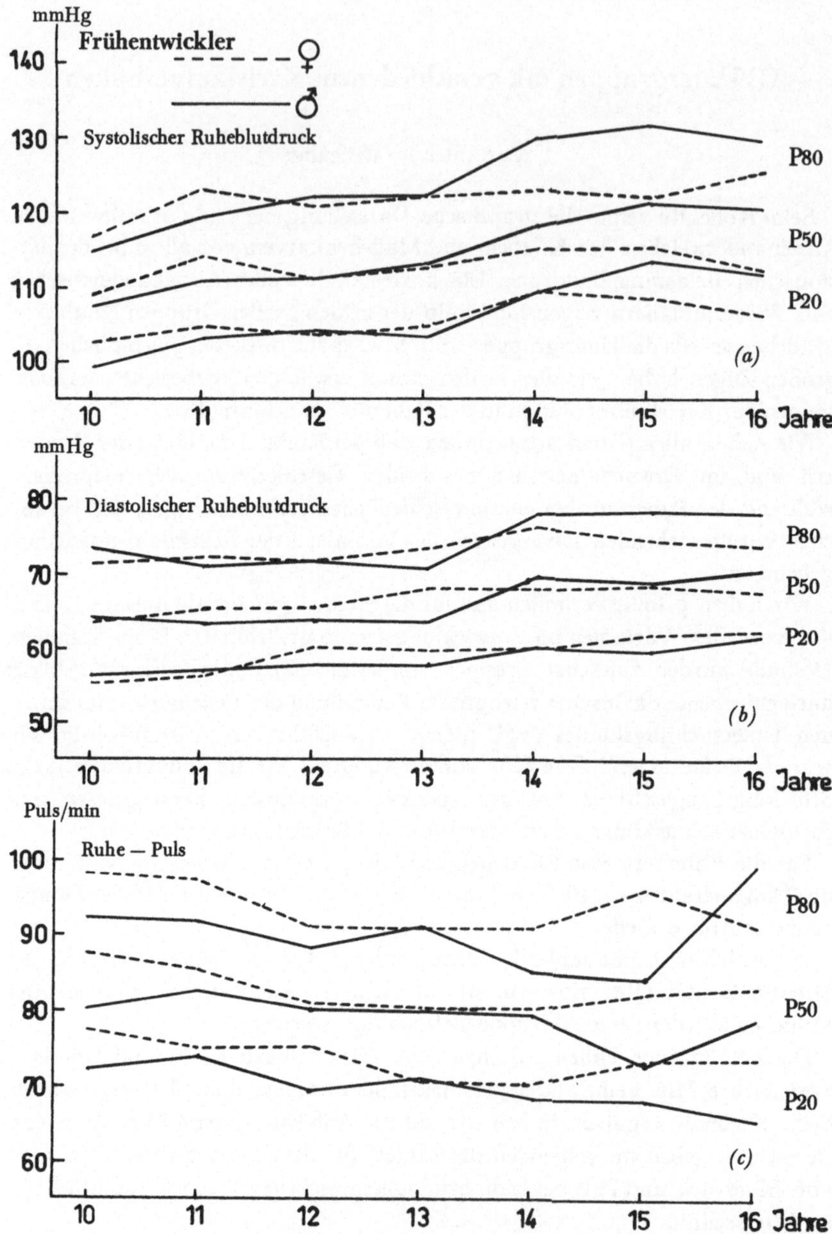

Abb. 6. Verhalten des systolischen und diastolischen Ruheblutdrucks sowie des Ruhepulses im Längsschnitt von 10 bis 16 Jahren bei den Gruppen verschiedenen Reifetermins,

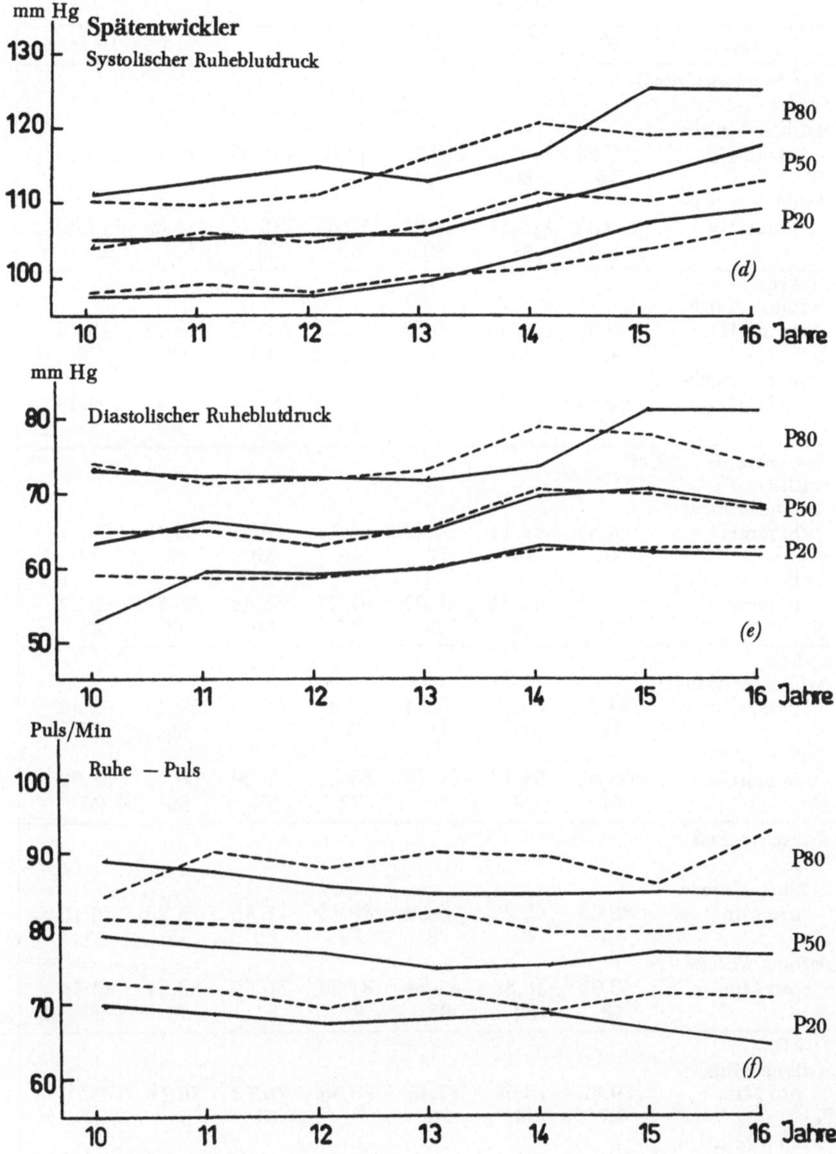

links Frühentwickler, rechts Spätentwickler. Dargestellt sind die Perzentilwerte 20, 50 und 80, getrennt für Knaben und Mädchen. N entsprechend Tab. 26

Tabelle 26. Systolischer und diastolischer Ruheblutdruck und Ruhepuls bei früh- und bei spätentwickelten Knaben und Mädchen von 10—16 Jahren. Arithmetische Mittelwerte.

Alter	10	11	12	13	14	15	16 Jahre
Ruhewert, systolisch							
frühe							
Arithm. Mittelw.							
in mmHg	107,81	111,56	112,09	113,62	118,52	121,79	119,52 ♂
N	48	80	79	76	81	56	31
Arithm. Mittelw.							
in mmHg	109,39	113,51	111,88	113,06	115,45	114,69	113,89 ♀
N	57	87	80	85	78	65	27
späte							
Arithm. Mittelw.							
in mmHg	103,09	104,06	105,72	106,13	109,77	115,43	118,70 ♂
N	42	69	76	71	64	69	27
Arithm. Mittelw.							
in mmHg	102,91	104,25	104,36	107,85	111,67	112,41	113,50
N	55	80	86	72	72	56	20 ♀
Ruhewert, diastolisch							
frühe							
Arithm. Mittelw.							
in mmHg	64,38	64,11	64,62	64,14	69,81	69,18	70,31 ♂
N	48	79	78	76	80	55	32
Arithm. Mittelw.							
in mmHg	63,45	64,89	66,09	67,07	68,44	68,82	68,57
N	58	89	82	87	80	68	28 ♀
späte							
Arithm. Mittelw.							
in mmHg	64,40	65,72	64,54	65,21	68,44	70,43	68,89 ♂
N	42	69	76	70	64	69	27
Arithm. Mittelw.							
in mmHg	65,61	64,87	64,20	65,21	70,00	68,71	68,00
N	57	79	88	72	72	58	20 ♀
Ruhewert, Puls							
frühe							
Arithm. Mittelw.							
pro Min.	82,00	82,22	79,52	80,48	76,86	75,20	79,10 ♂
N	48	79	78	75	80	55	31
Arithm. Mittelw.							
pro Min.	88,06	86,86	81,74	81,20	80,56	83,24	83,64
N	58	88	83	87	81	66	27 ♀
späte							
Arithm. Mittelw.							
pro Min.	79,62	78,58	77,48	75,86	76,72	76,78	75,70 ♂
N	43	68	76	71	64	68	27
Arithm. Mittelw.							
pro Min.	82,72	81,06	79,14	81,94	78,98	78,96	80,20
N	56	80	88	72	72	58	20 ♀

Tabelle 27. Systolischer, diastolischer Blutdruck und Pulsfrequenz nach 8 Min. Stehen bei früh- und bei spätentwickelten Knaben und Mädchen von 10 bis 16 Jahren. Arithmetische Mittelwerte.

Alter	10	11	12	13	14	15	16 Jahre	
8-Min.-Wert, systolisch								
f r ü h e								
Arithm. Mittelw.								
in mmHg	103,4	108,2	109,4	113,3	118,1	120,6	118,3	♂
N	47	79	79	75	80	55	30	
Arithm. Mittelw.								
in mmHg	106,8	108,7	109,6	112,7	114,9	112,8	110,4	♀
N	56	87	80	84	78	66	27	
s p ä t e								
Arithm. Mittelw.								
in mmHg	102,9	102,0	104,4	106,1	111,4	116,0	115,7	♂
N	43	70	76	71	63	69	27	
Arithm. Mittelw.								
in mmHg	99,8	100,4	103,7	107,0	110,0	111,5	110,3	♀
N	55	80	87	72	72	58	20	
8-Min.-Wert, diastolisch								
f r ü h e								
Arithm. Mittelw.								
in mmHg	70,4	72,4	76,7	77,8	82,6	83,4	82,9	♂
N	47	79	79	76	81	56	31	
Arithm. Mittelw.								
in mmHg	70,5	73,1	75,9	78,2	79,9	79,9	79,8	♀
N	56	87	80	84	78	66	27	
s p ä t e								
Arithm. Mittelw.								
in mmHg	69,4	72,8	74,3	74,4	78,7	80,8	81,3	♂
N	43	70	76	71	63	69	27	
Arithm. Mittelw.								
in mmHg	70,8	70,1	72,9	74,9	77,9	79,3	76,8	♀
N	55	80	87	72	72	58	20	
8-Min.-Wert, Puls								
f r ü h e								
Arithm. Mittelw.								
pro Min.	93,7	96,4	97,6	99,4	95,0	93,8	96,0	♂
N	47	79	79	76	81	56	31	
Arithm. Mittelw.								
pro Min.	98,7	100,6	99,2	96,6	94,2	100,4	99,8	♀
N	55	86	79	84	77	65	27	
s p ä t e								
Arithm. Mittelw.								
pro Min.	91,2	93,8	93,8	94,6	93,4	95,6	96,0	♂
N	44	72	77	72	64	69	27	
Arithm. Mittelw.								
pro Min.	92,4	95,8	95,6	98,2	99,6	99,6	99,8	♀
N	55	80	87	72	72	58	20	

Tabelle 28. Systolischer und diastolischer Blutdruck sowie Pulsfrequenz unmittelbar nach Belastung bei früh- und bei spätentwickelten Knaben und Mädchen von 10 bis 16 Jahren. Arithmetische Mittelwerte.

Alter	10	11	12	13	14	15	16 Jahre	
Belastungswert, systolisch								
f r ü h e								
Arithm. Mittelw.								
in mmHg	125,0	133,1	136,2	140,4	148,9	151,9	150,3	♂
N	48	80	78	72	80	56	31	
Arithm. Mittelw.								
in mmHg	131,5	142,7	144,1	148,5	153,3	152,6	149,0	♀
N	50	79	68	67	66	53	24	
s p ä t e								
Arithm. Mittelw.								
in mmHg	120,2	121,8	125,3	126,6	131,9	138,2	139,8	♂
N	44	70	73	71	62	65	25	
Arithm. Mittelw.								
in mmHg	123,9	129,9	129,6	138,9	141,8	145,1	147,9	♀
N	56	79	88	69	70	53	19	
Belastungswert, diastolisch								
f r ü h e								
Arithm. Mittelw.								
in mmHg	56,7	58,2	60,2	61,0	66,1	67,6	65,5	♂
N	48	80	78	72	79	56	31	
Arithm. Mittelw.								
in mmHg	58,0	57,6	57,5	59,6	60,1	60,3	64,8	♀
N	56	85	75	72	70	58	24	
s p ä t e								
Arithm. Mittelw.								
in mmHg	58,4	59,0	62,8	61,3	64,2	64,8	66,5	♂
N	44	70	72	72	62	65	24	
Arithm. Mittelw.								
in mmHg	59,1	59,2	58,9	58,8	61,8	63,1	62,4	♀
N	57	78	88	69	70	53	19	
Belastungswert, Puls								
f r ü h e								
Arithm. Mittelw.								
pro Min.	95,4	96,6	95,8	94,6	94,0	93,6	95,6	♂
N	48	80	79	72	80	56	31	
Arithm. Mittelw.								
pro Min.	105,2	106,8	103,4	106,6	107,0	111,4	119,8	♀
N	56	83	74	70	68	58	22	
s p ä t e								
Arithm. Mittelw.								
pro Min.	92,1	91,8	90,6	93,8	94,4	92,8	90,0	♂
N	44	70	74	71	62	66	26	
Arithm. Mittelw.								
pro Min.	101,0	99,6	99,8	101,6	106,4	107,4	108,0	♀
N	56	79	88	69	70	53	19	

Tabelle 29. Amplitudenweite bei früh- und bei spätentwickelten Knaben und Mädchen im Alter von 10 bis 16 Jahren in Ruhe, nach 8 Min. Stehen und gleich nach Belastung. Arithmetische Mittelwerte in mmHg.

	Alter	10	11	12	13	14	15	16 Jahre
Ruhe								
frühe	♂	43,4	47,5	47,5	49,5	48,7	52,6	49,2
N		48	80	79	76	81	56	31
	♀	45,9	48,6	45,8	46,0	47,1	45,9	45,3
N		57	87	80	85	78	65	27
späte	♂	38,7	38,4	41,2	40,9	41,4	45,0	49,8
N		42	69	76	71	64	69	27
	♀	37,3	39,4	40,2	42,7	41,7	43,7	45,5
N		55	80	86	72	72	56	20
8 Stehen								
frühe	♂	33,0	35,8	32,7	35,5	35,5	37,2	35,4
N		47	79	79	75	80	55	30
	♀	36,3	35,6	33,7	34,5	35,0	32,9	30,6
N		56	87	80	84	78	66	27
späte	♂	33,5	29,2	30,1	31,7	32,7	35,2	34,4
N		43	70	76	71	63	69	27
	♀	29,0	30,3	30,8	32,1	32,1	32,2	33,5
N		55	80	87	72	72	58	20
Belastung								
frühe	♂	68,3	74,9	76,0	79,4	82,8	84,3	84,8
N		48	80	78	72	80	56	31
	♀	73,5	85,1	86,6	88,9	93,2	92,3	84,2
N		50	79	68	67	66	53	24
späte	♂	61,8	62,8	62,5	65,3	67,7	73,4	73,3
N		44	70	73	71	62	65	25
	♀	64,8	70,7	70,7	80,1	80,0	82,0	85,5
N		56	79	88	69	70	53	19

a) Es geht daraus hervor, daß der Wert des systol. *Ruhe*blutdrucks zwischen den beiden Extremgruppen des Entwicklungstempos in den ersten Beobachtungsjahren zunehmend differiert, am Ende der Pubertät jedoch nur noch minimale Unterschiede aufweist. Beide Geschlechter zeigen dieses Verhalten. Die größte Differenz tritt bei den Mädchen mit 11 Jahren, bei den Jungen mit 14 Jahren auf. Auch bei frühentwickelten Jugendlichen besteht also ein erheblicher zeitlicher Unterschied zwischen den Geschlechtern.

Innerhalb der Knabengruppe erfolgt der entscheidende puberale Blutdruckanstieg so unterschiedlich, daß die Spätentwickler erst mit 15 bis 16 Jahren eindeutig höhere Ruhewerte haben als die Mädchen.

Der diastol. Ruheblutdruck zeigt in dieser gleichen Längsschnittphase nur sehr geringfügige Unterschiede zwischen früh- und spätentwickelten Jugendlichen. Die Pulsfrequenz der Frühentwickelten liegt bei beiden Geschlechtern etwas über derjenigen der Spätentwickler.

Zur besseren Übersicht sind in Abb. 7 die Längsschnittverhältnisse auch für den Steh- und Belastungswert graphisch dargestellt.

b) Der 8-Min.-*Stehwert* des systolischen Blutdrucks verhält sich bei den Mädchengruppen analog dem Ruheblutdruck, mit 16 Jahren treffen beide im Mittelwert wieder zusammen, beide liegen auch — entsprechend den Befunden beim Kollektiv — etwas niedriger als in der Ruhe. — Die Kurve der Knaben zeigt jedoch dieses Absinken unter den Ruhewert bei den Spätentwicklern erst ab 11 Jahren, so daß bei ihnen mit 16 Jahren die Deckung der Werte von Früh- und Spätentwicklern noch nicht erreicht ist.

Im Gegensatz zu den Verhältnissen in der Ruhe zeigt der diastolische Blutdruck im Stehen erhebliche Unterschiede zwischen den beiden Reifegruppen. Hier haben nach 8 Min. Stehen die frühentwickelten Jungen von 12 Jahren an eindeutig höhere Werte und treffen durch den späteren Anstieg der Spätentwickler erst mit 16 Jahren wieder mit diesen zusammen. Bei den Mädchen zeigt sich derselbe Vorgang etwa 1 1/2 Jahre früher. Mit 16 Jahren zeigt diese Gruppe ein erneutes Auseinanderweichen.

Die Stehpulsfrequenz ist — dem Kollektivverhalten entsprechend — bei allen 4 Gruppen höher als in der Ruhe, und die Werte der Frühentwickler sind höher als diejenigen der Spätentwickelten. In der 2. Hälfte der Pubertät haben wir jedoch bei beiden Geschlechtern ein Überkreuzen der Längsschnittkurven, eine Besonderheit, die sich bereits an den Ruhewerten zeigt und auch nach Belastung in Annäherung besteht; bei den Mädchen beginnt und endet sie um 1 bis 2 Jahre früher als bei den Knaben. Im Ganzen sind die Unterschiede in der Pulsfrequenz nicht sehr erheblich, und im Stehen liegen die Werte der Reife-Varianten mit 16 Jahren wieder im Mittel beider Kollektive.

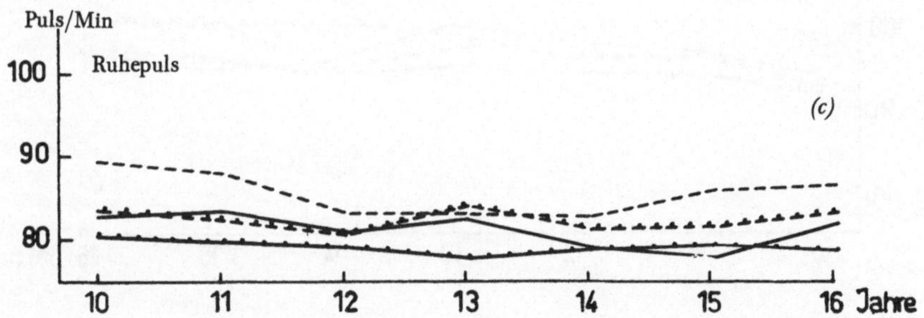

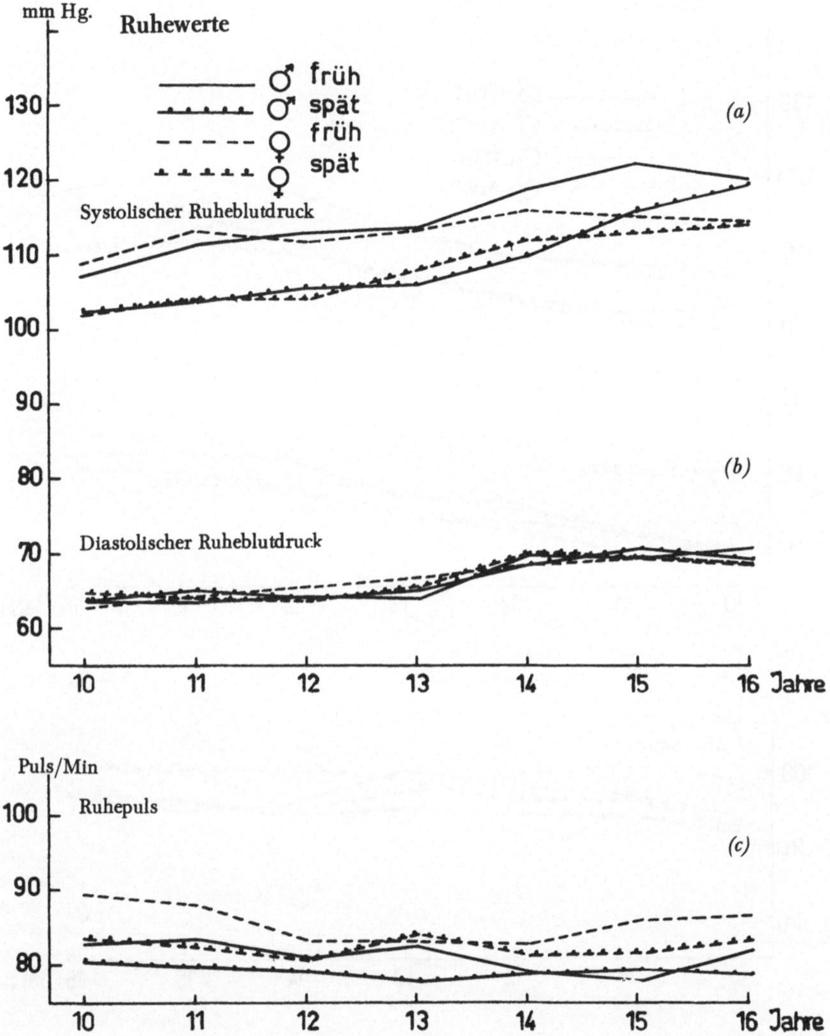

zu 7a—c: N wie in Tab. 26

Abb. 7. Verhalten des systolischen und diastolischen Blutdrucks sowie der Pulsfrequenz in Ruhe, nach 8 Min. Stehen und unmittelbar nach Belastung bei den Gruppen verschiedenen Reifetermins im Längsschnitt von 10—16 Jahren. Dargestellt sind die arithmetischen Mittelwerte der Früh- und Spätentwickler, getrennt für Knaben und Mädchen.

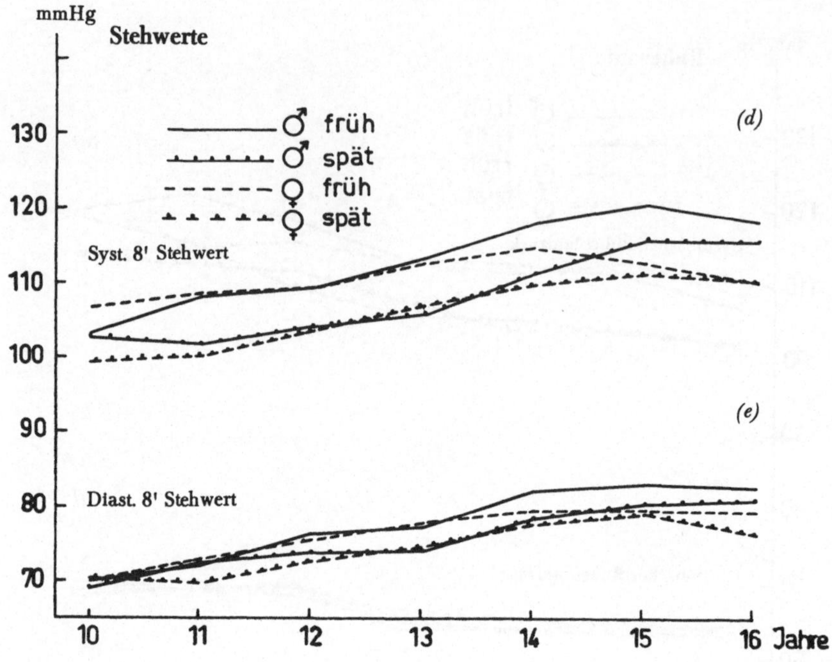

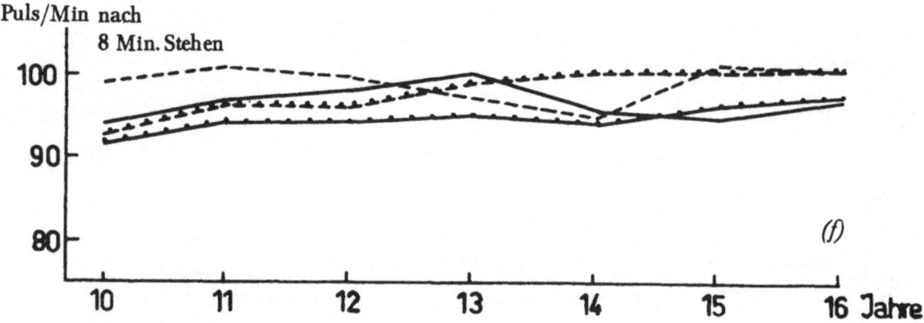

zu 7d—i: N wie in Tab. 27 u. 28.

Abb. 7. Verhalten des systolischen und diastolischen Blutdrucks sowie der Pulsfrequenz in Ruhe, nach 8 Min. Stehen und unmittelbar nach Belastung bei den Gruppen verschiedenen

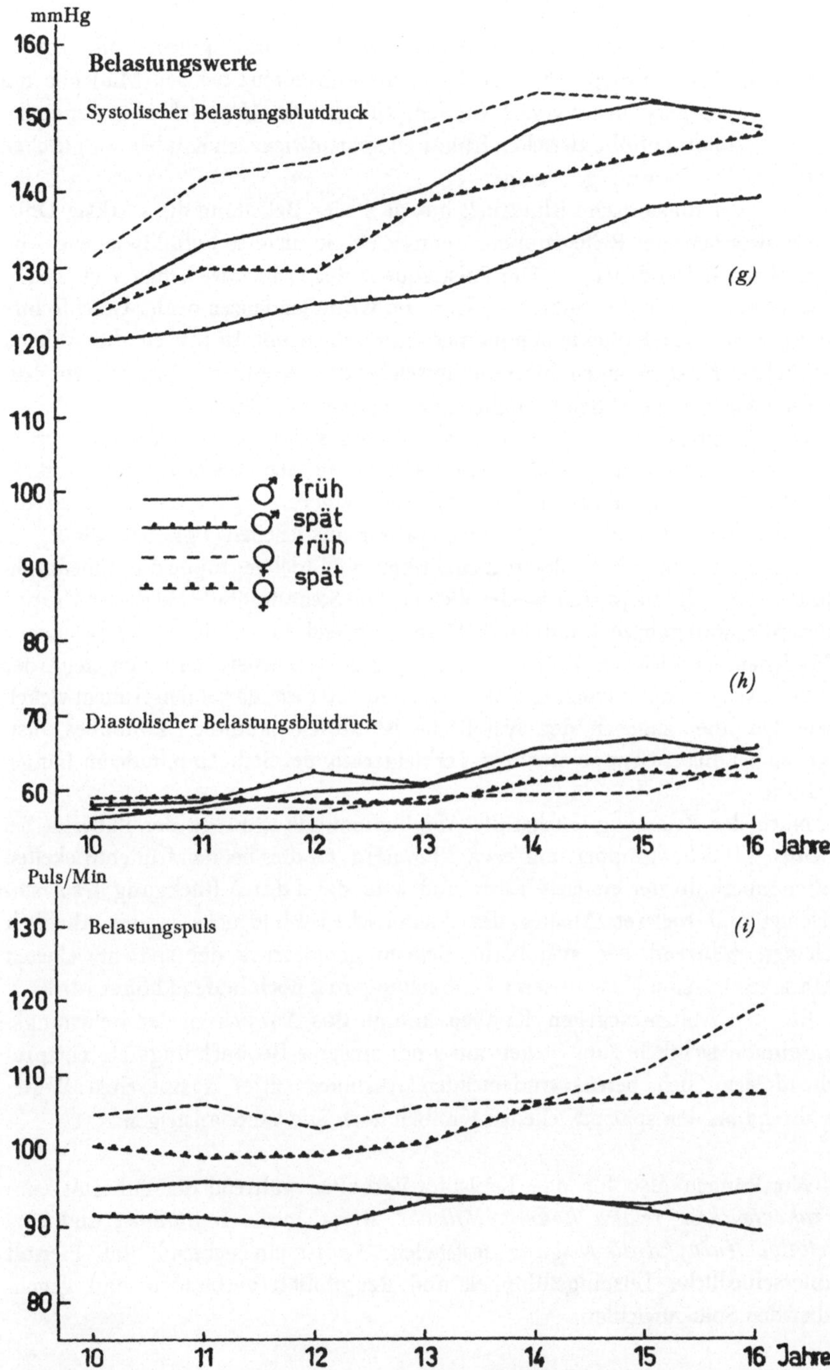

Reifetermins im Längsschnitt von 10–16 Jahren. Dargestellt sind die arithmetischen Mittelwerte der Früh- und Spätentwickler, getrennt für Knaben und Mädchen.

c) Am stärksten ist die Differenz zwischen Früh- und Spätentwicklern nach der *Belastung* ausgeprägt. Jedoch ist diese Differenz bei den Mädchen mit 16 Jahren bereits wieder verschwunden, während der Unterschied in der systolischen Blutdruckhöhe zwischen früh- und spätentwickelten Knaben im gleichen Alter noch 10,5 mmHg. beträgt.

Auch der diastolische Blutdruck hat nach der Belastung die stärkste Differenz zwischen den Reifegruppen, wenngleich sie nicht so auffällig ist wie beim systolischen Blutdruck. – Die Pulsfrequenz der Frühentwickelten liegt wiederum höher als die der Spätentwickler, die Grundtendenzen beider Geschlechter entsprechen den Kollektivsymptomen, nur zeigen mit 16 Jahren die frühentwickelten Knaben einen hiervon abweichenden erhöhten Wert, der zu dem steilen Anstieg der frühen Mädchengruppe korrespondiert.

Die Amplitudenwerte, die sich aus diesen systol. und diastol. Gruppenwerten ergeben, zeigen, daß Spätentwickler an den 3 Schellong-Fixpunkten über die Jahre der Pubertät hin erheblich kleinere Amplituden haben als die Frühentwickelten und dies erst mit 16 Jahren ausgleichen (vgl. Tab. 29).

Dabei wird innerhalb der frühentwickelten Mädchengruppe die Ruheamplitude bereits ab 14 Jahren wieder kleiner. Die Stehamplitude bei dieser Gruppe nimmt sogar nahezu kontinuierlich ab, während sie bei den spätentwickelten Mädchen im gleichen Zeitraum um 4,5 mm anwächst. Bei ihnen steigt der diastolische Stehblutdruck in einem späteren Alter an als bei den frühentwickelten. Da aber zugleich der systolische Blutdruck „aufholt", kommt es einstweilen bei dieser Gruppe nicht zur Verkleinerung der Steh-Amplitude im Längsschnitt.

Nach der Belastung wächst die Amplitudenweite während der Pubertät bei beiden Mädchengruppen um etwa 20 mmHg, tut dies bei den frühentwickelten aber innerhalb der ersten 4 Jahre und wird dann durch Rückgang des systolischen und weiteren Anstieg des diastolischen Blutdrucks wieder erheblich kleiner, während der systolische Belastungsblutdruck der spätentwickelten Mädchen bis zum Ende unserer Beobachtungszeit noch laufend höher wird.

Bei den frühentwickelten Knaben kommt das Anwachsen der Belastungsamplitude sichtlich zum Stehen am Ende unserer Beobachtungszeit, entsprechend dem sich bereits andeutenden Absinken ihrer systolischen Werte, während bei den spätentwickelten Knaben noch alle Werte ansteigen.

Wir können also für das Kreislauf-Verhalten während der Pubertät *beim Frühentwickler relativ hohe systolische Werte, weite Amplituden* und eine *relative Tachykardie-Neigung* feststellen. Es ist einleuchtend, daß hiermit unterschiedliche Leistungsfähigkeit und Reagibilität verbunden sind gegenüber den Spätentwicklern.

Die Durchschnittswerte der beiden Reifegruppen liegen aber auch in ihrer ausgeprägtesten Phase nicht ober- oder unterhalb der P_{80}- bzw. P_{20}-Werte der männlichen und weiblichen Kollektive und *nähern sich mit 16 Jahren bereits stark deren Mittelwerten.* Es ist dies festzuhalten im Hinblick auf den Abschnitt über die Extremvarianten des Blutdrucks.

*Blutdruckwerte im Grundschulalter bei den Stuttgarter Probanden der Reife-
gruppen und beim Stuttgarter Kollektiv*

Wie erwähnt, haben wir in der Stuttgarter Arbeitsstelle bereits im Grundschulalter eine einfachere Kreislaufprüfung durchgeführt. Die Messung wurde damals in gelockerter Stehhaltung durchgeführt (anschließend Kniebeugenbelastung). Die Gruppennumeri sind naturgemäß klein. In Tabelle 30 sind die Ergebnisse aufgezeichnet. Sie lassen einen leichten Unterschied zwischen den künftigen Früh- und Spätentwicklern erkennen, der sich nach Belastung verstärkt. Abb. 8 zeigt die entsprechenden Kurven.

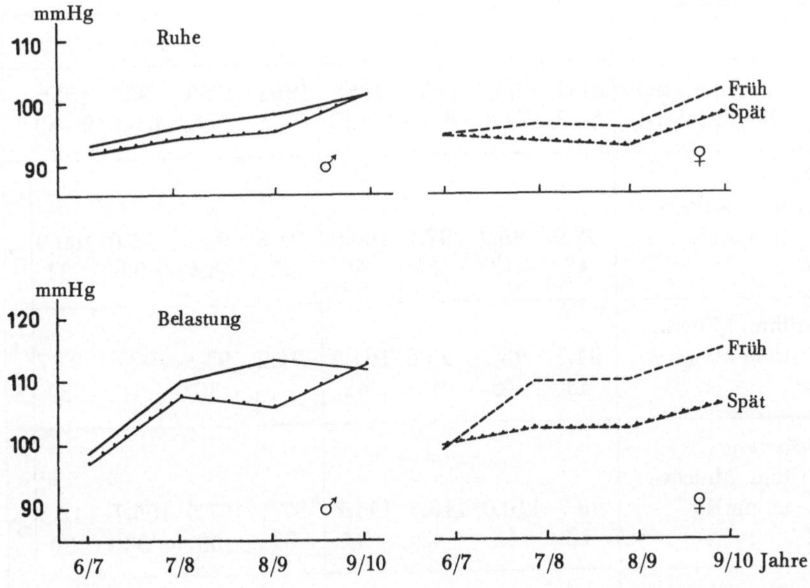

Abb. 8. Grundschulwerte des systolischen Blutdrucks in Ruhe und nach Belastung bei den Gruppen verschiedenen Reifetermins (entsprechen dem Alter 6/7 – 9/10 Jahre). Links Knaben, rechts Mädchen, Numeri wie in Tabelle 30b, vgl. Text.

Tabelle 30. Grundschulwerte des systolischen Blutdrucks bei Stuttgarter Kindern; arithmetischer Mittelwert. Die Untersuchungsjahre 1952—1955 entsprechen dem Lebensalter 6/7 bis 9/10 Jahre.

a. Ruhewerte des systol. Blutdrucks Stuttgarter Kinder im Grundschulalter.

Untersuchungsjahr Alter in Jahren	1952 6—7	1953 7—8	1954 8—9	1955 9—10	
Arithm. Mittelw. in mmHg N	93,0 230	94,4 227	95,3 232	99,9 187	♂
Arithm. Mittelw. in mmHg N	94,3 221	95,8 234	95,3 234	100,2 204	♀

b. Ruhe- und Belastungswerte des Blutdrucks Stuttgarter Kinder im Grundschulalter.

	frühe				späte				
Untersuchungsjahr Alter in Jahren	1952 6—7	1953 7—8	1954 8—9	1955 9—10	1952 6—7	1953 7—8	1954 8—9	1955 9—10	
Ruhewert Arithm. Mittelw. in mmHg N	92,9 42	95,9 43	97,7 43	100,9 40	91,8 33	94,1 32	95,0 33	100,9 31	♂
Arithm. Mittelw. in mmHg N	94,5 43	96,1 46	95,6 45	101,5 43	94,2 31	93,3 30	92,6 31	97,7 30	♀
Belastung Arithm. Mittelw. in mmHg N	98,7 42	110,0 43	113,3 43	111,7 39	97,1 31	107,5 30	105,7 34	112,5 30	♂
Arithm. Mittelw. in mmHg N	99,0 43	109,8 44	110,1 45	115,0 42	99,7 30	102,2 30	102,5 30	106,5 30	♀

2. Varianten im Habitus

Abgesehen von der Korrelation zum Reifeverhalten interessierte uns die Frage, inwieweit sich ein Zusammenhang zwischen Kreislauf und Körperbautyp ergeben könnte.

Es ist bekanntermaßen sehr schwierig, im Kindes- und Jugendalter eine Aussage über die Konstitution zu geben. Der heutige gute Ernährungszustand sowie die reifebedingten Füllungs- und Streckungsperioden können die Grundkonstitution erheblich überdecken und verschleiern. Überdies sind Konstitutionsmerkmale auch bei Erwachsenen nur in ausgeprägten Fällen so eindeutig, daß verschiedene Untersucher in ihrem Urteil über einen Probanden gänzlich übereinstimmen.

Eine gesicherte Konstitutionsaussage in unserem Material würde, wie die Reifebeurteilung, eine retrospektive Kritik anhand von Parameter-Meßzahlen und Foto-Vergleichen erfordern. Wir sprechen deshalb vorläufig von Habitus-Formen und der subjektive Faktor ist demnach – im Gegensatz zu den Reifetypen – im Folgenden nicht zu eliminieren. Wir haben uns jedoch bemüht, ihn klein zu halten, indem wir nur solche Probanden in unsere Habitusgruppen aufnahmen, die im Längsschnitt einheitlich beurteilt worden waren, d. h. daß bei ihnen während dieser Beobachtungszeit nie ein Wechsel in der Beurteilung des Konstitutionstyps erfolgte.

Auf Grund dieser Beschränkung beträgt die Probandensumme aller 3 Habitusgruppen knapp 40% des gesamten Kollektivs. Alle uncharakteristischen Habitusformen sind sicher ausgeschieden. Die Mittelwerte dieser Gruppen sind in den Tabellen 31—33 (Ruhe) 34—36 (nach 8 Min. Stehen) und 37—39 (nach Belastung) sowie 40—42 (Amplitudenwerte an diesen 3 Fixpunkten) angegeben.

Wieder wurden die Werte für Jungen und Mädchen getrennt und die Altersveränderung aus Längsschnittdaten berechnet (vgl. auch Abb. 10 und 11).

a) Tabelle 31 zeigt zunächst einheitlich, daß bei den Knaben zwischen 13 und 14 Jahren die Werte des systolischen Ruheblutdrucks bei jeder Habitusform diejenigen der Mädchen überrunden, genau wie beim Kollektiv.

Während aber die athletischen Mädchen bereits mit 13 Jahren ihren Höchstwert erreichen, steigen die Werte der leptosomen und pyknischen Mädchen bis zum Alter von 16 Jahren noch an.

Auch bei den leptosomen und pyknischen Knaben steigen die Werte noch bis zum 16. Jahr an, während die athletische Gruppe den Höchstwert mit 15 Jahren erreicht. Bei Mädchen und Knaben liegen die Werte der leptosomen Typen etwas niedriger als bei den anderen Gruppen, doch ist der Trend des Blut-

Tabelle 31. Durchschnittswerte des systolischen Ruheblutdrucks bei den drei Habitusgruppen im Alter von 10 bis 16 Jahren

Alter	10	11	12	13	14	15	16 Jahre	
Athletisch:								
Arithm. Mittelw. in m:nHg	106,7	109,0	109,9	112,9	117,8	121,3	119,2	♂
N	89	140	150	131	124	77	36	
Arithm. Mittelw. in mmHg	109,7	111,7	113,6	115,5	115,4	115,5	112,4	♀
N	66	112	109	97	87	63	17	
Leptosom:								
Arithm. Mittelw. in mmHg	103,5	105,9	107,2	108,6	114,1	118,4	119,2	♂
N	65	83	96	86	75	57	24	
Arithm. Mittelw. in mmHg	104,7	106,8	106,0	108,5	111,7	112,4	113,6	♀
N	51	78	84	74	70	45	18	
Pyknisch:								
Arithm. Mittelw. in mmHg	105,7	112,2	106,4	110,0	116,8	116,1	120,0	♂
N	14	18	21	19	14	9	3	
Arithm. Mittelw. in mmHg	108,2	112,4	109,6	113,0	115,9	116,3	117,2	♀
N	36	44	46	47	38	24	9	

Tabelle 32. Durchschnittswerte des diastolischen Ruheblutdrucks bei den drei Habitusgruppen im Alter von 10 bis 16 Jahren

Alter	10	11	12	13	14	15	16 Jahre	
Athletisch:								
Arithm. Mittelw. in mmHg	68,2	67,4	66,9	67,1	70,5	70,2	68,8	♂
N	90	138	149	129	122	77	36	
Arithm. Mittelw. in mmHg	67,2	67,3	67,0	68,4	70,5	69,3	67,5	♀
N	66	113	108	97	88	62	16	
Leptosom:								
Arithm. Mittelw. in mmHg	66,7	67,2	65,2	67,4	70,7	70,4	68,6	♂
N	66	85	97	87	76	57	25	
Arithm. Mittelw. in mmHg	65,1	64,9	65,0	66,5	69,6	69,2	70,0	♀
N	51	78	85	74	70	45	18	
Pyknisch:								
Arithm. Mittelw. in mmHg	69,6	69,4	67,4	65,5	72,5	75,0	80,0	♂
N	14	18	21	19	14	9	3	
Arithm. Mittelw. in mmHg	66,4	68,0	65,5	66,1	71,2	72,5	71,7	♀
N	36	44	47	47	39	24	9	

*Tabelle 33. Durchschnittswerte der Pulsfrequenz in Ruhe bei den drei Habitus-
gruppen im Alter von 10 bis 16 Jahren*

Alter	10	11	12	13	14	15	16 Jahre
Athletisch:							
Arithm. Mittelw. pro Min.	77,8	79,0	77,0	76,0	76,0	75,0	73,6 ♂
N	88	140	150	131	124	77	36
Arithm. Mittelw. pro Min.	84,0	85,0	82,2	80,4	79,0	80,6	78,0 ♀
N	65	113	109	97	88	62	17
Leptosom:							
Arithm. Mittelw. pro Min.	80,4	80,8	78,2	77,8	79,2	76,0	77,4 ♂
N	66	85	97	87	76	57	25
Arithm. Mittelw. pro Min.	86,6	84,0	82,4	81,6	80,8	82,6	80,2 ♀
N	51	78	84	74	70	45	18
Pyknisch:							
Arithm. Mittelw. pro Min.	82,6	80,0	77,2	76,4	74,8	70,0	68,0 ♂
N	14	18	20	19	14	9	3
Arithm. Mittelw. pro Min.	83,6	85,0	78,8	80,2	80,4	78,4	75,8 ♀
N	36	44	45	47	39	22	9

druckanstiegs im Altersfortschritt bei den 3 Habitusformen gleich. Ihre Kurven korrespondieren mit denjenigen des arithmetischen Mittelwertes der beiden (männlichen und weiblichen) Kollektive.

Genauso verhalten sich die drei Gruppen in Bezug auf den diastolischen Ruheblutdruck.

Die Ruheamplitude ist trotz dieser relativ kleinen Unterschiede bei den leptosomen Knaben und Mädchen eindeutig kleiner als bei den athletischen Formen. Die Pykniker-Werte schwanken mehr — es ist hier der leider kleine Gruppen-Numerus zu bedenken —, im großen Ganzen liegen sie zwischen den beiden anderen Typen. Die Amplituden-Durchschnittswerte, wie sie sich bei den drei Habitusformen als errechnete Mittelwerte ergeben, sind für die drei Schellong-Fixpunkte in Tabelle 40—42 angeführt.

Die Pulswerte in der Ruhe liegen bei den leptosomen Knaben durch alle Jahre etwas höher als bei den athletischen, die Differenz bleibt nahezu gleich. Die Pyknikergruppe hat dagegen mit 10 Jahren den raschesten Puls und ihr arithmetisches Mittel sinkt im gleichen Zeitraum erheblich stärker ab.

Auch die pyknischen Mädchen haben früh niedrigere Werte, während die athletischen und leptosomen hier nahezu sich deckende Kurven zeigen.

Zusammenfassend kann man nur sagen, daß in der Ruhe kein prinzipieller Unterschied im Blutdruckverhalten zwischen den Habitusformen besteht und

Tabelle 34. Durchschnittswerte des systolischen Blutdrucks nach 8 Min. Stehen bei den drei Habitusgruppen im Alter von 10 bis 16 Jahren

Alter	10	11	12	13	14	15	16 Jahre	
Athletisch:								
Arithm. Mittelw. in mmHg	105,7	107,6	109,3	112,8	116,2	118,9	118,7	♂
N	89	138	148	128	124	75	35	
Arithm. Mittelw. in mmHg	106,4	108,0	111,1	114,7	115,7	112,9	113,5	♀
N	65	112	109	95	87	63	17	
Leptosom:								
Arithm. Mittelw. in mmHg	102,7	103,5	105,7	110,6	115,4	116,7	115,4	♂
N	66	86	96	87	76	57	25	
Arithm. Mittelw. in mmHg	102,5	102,4	104,3	106,4	109,4	112,4	109,4	♀
N	51	78	84	74	70	45	18	
Pyknisch:								
Arithm. Mittelw. in mmHg	106,9	111,1	107,4	111,6	119,3	118,3	116,7	♂
N	16	19	21	19	14	9	3	
Arithm. Mittelw. in mmHg	106,8	107,0	107,9	111,0	115,1	115,8	108,9	♀
N	37	44	47	45	40	24	9	

Tabelle 35. Durchschnittswerte des diastolischen Blutdrucks nach 8 Min. Stehen bei den drei Habitusgruppen im Alter von 10 bis 16 Jahren

Alter	10	11	12	13	14	15	16 Jahre	
Athletisch:								
Arithm. Mittelw. in mmHg	73,3	74,5	77,5	78,0	81,3	83,2	84,9	♂
N	90	139	149	130	123	77	36	
Arithm. Mittelw. in mmHg	73,9	74,2	77,4	79,1	79,5	79,5	83,1	♀
N	65	113	110	96	88	64	18	
Leptosom:								
Arithm. Mittelw. in mmHg	70,9	73,7	74,4	77,3	82,9	82,2	79,0	♂
N	66	86	96	87	76	57	25	
Arithm. Mittelw. in mmHg	69,1	71,7	75,1	76,1	79,8	82,0	78,1	♀
N	51	78	84	74	70	45	18	
Pyknisch:								
Arithm. Mittelw. in mmHg	73,4	77,1	76,7	78,7	83,2	85,0	91,7	♂
N	16	19	21	19	14	9	3	
Arithm. Mittelw. in mmHg	72,6	74,9	74,1	76,5	80,6	77,9	74,4	♀
N	36	44	47	46	39	24	9	

Tabelle 36. Durchschnittswerte der Pulsfrequenz nach 8 Min. Stehen bei den drei Habitusgruppen im Alter von 10 bis 16 Jahren

Alter	10	11	12	13	14	15	16 Jahre	
Athletisch:								
Arithm. Mittelw. pro Min.	95,8	93,4	94,8	93,6	93,4	94,6	92,6	♂
N	89	142	150	131	122	78	35	
Arithm. Mittelw. pro Min.	94,4	99,2	97,8	95,6	95,0	96,6	96,0	♀
N	65	112	109	95	87	63	17	
Leptosom:								
Arithm. Mittelw. pro Min.	91,6	94,4	95,8	95,2	100,2	97,8	98,6	♂
N	65	85	93	86	74	55	24	
Arithm. Mittelw. pro Min.	97,0	96,4	98,6	100,6	100,6	101,8	102,8	♀
N	51	78	83	73	71	45	18	
Pyknisch:								
Arithm. Mittelw. pro Min.	90,0	95,2	91,0	92,4	95,0	88,6	93,4	♂
N	16	19	21	19	14	9	3	
Arithm. Mittelw. pro Min.	93,8	97,4	95,4	93,8	93,4	93,8	93,6	♀
N	37	44	47	46	38	24	8	

daß jeweils die Knaben, bzw. die Mädchen ihrer Kollektiventwicklung entsprechen.

b) Der systolische Blutdruck während des *Stehversuchs* liegt bei den leptosomen Knaben ebenfalls zunächst etwas niedriger als bei den athletischen; später gleicht sich das nahezu aus. Alle drei Gruppen zeigen — wie das Kollektiv — kein nennenswertes Absinken gegenüber den Ruhewerten.

Die diastolischen Blutdruckwerte sind bei leptosomen Jungen und Mädchen im Längsschnitt zunächst etwas niedriger als diejenigen der athletischen, überkreuzen sie dann aber. Die leptosomen Knaben haben zwischen 10 und 14 Jahren eine engere Stehamplitude als die athletischen Knaben, bei den leptosomen Mädchen ist diese Einengung der Stehamplitude erheblich stärker ausgeprägt, mit 16 Jahren aber den athletischen Mädchen angeglichen. Die Pykniker liegen in der Weite ihrer Stehamplitude näher an den Athletikern.

Die Pulsfrequenz steigt bei pyknischen und athletischen Knaben und Mädchen im Stehen gegenüber dem Ruhewert etwa gleich hoch an, pendelt um eine Mittellage und zeigt zwischen 10 und 16 Jahren nur eine leichte Tendenz zum Sinken. Im Gegensatz hierzu steigen die Pulswerte der leptosomen Knaben und Mädchen nicht nur im Verhältnis zur Ruhe, sondern mit zunehmendem Alter auch immer mehr an. *Wir haben also ein gegensätzliches Verhalten der Habi-*

Tabelle 37. Durchschnittswerte des systolischen Blutdrucks unmittelbar nach der Belastung bei den drei Habitusgruppen von 10 bis 16 Jahren

Alter	10	11	12	13	14	15	16 Jahre	
Athletisch:								
Arithm. Mittelw. in mmHg	125,2	129,4	133,3	139,2	145,5	149,9	146,8	♂
N	90	140	148	129	122	76	34	
Arithm. Mittelw. in mmHg	127,2	136,6	140,8	147,5	150,8	147,0	151,8	♀
N	64	111	106	92	84	60	17	
Leptosom:								
Arithm. Mittelw. in mmHg	122,0	124,6	128,4	134,8	139,7	143,4	151,3	♂
N	66	86	93	86	74	56	23	
Arithm. Mittelw. in mmHg	126,9	130,8	132,9	143,0	144,8	149,5	145,0	♀
N	51	75	83	69	66	42	16	
Pyknisch:								
Arithm. Mittelw. in mmHg	129,1	135,5	135,5	138,7	145,4	144,4	151,7	♂
N	17	20	21	19	14	9	3	
Arithm. Mittelw. in mmHg	134,1	140,1	142,5	153,1	153,8	147,5	151,7	♀
N	35	43	42	42	32	22	6	

Tabelle 38. Durchschnittswerte des diastolischen Blutdrucks unmittelbar nach der Belastung bei den drei Habitusgruppen von 10 bis 16 Jahren

Alter	10	11	12	13	14	15	16 Jahre	
Athletisch:								
Arithm. Mittelw. in mmHg	62,3	62,5	62,9	63,8	66,6	66,3	64,7	♂
N	90	140	148	129	122	76	34	
Arithm. Mittelw. in mmHg	62,7	61,7	62,0	64,4	63,2	61,9	62,6	♀
N	64	109	105	92	83	59	17	
Leptosom:								
Arithm. Mittelw. in mmHg	59,2	60,8	63,2	63,9	67,2	66,8	68,5	♂
N	66	86	93	86	74	56	23	
Arithm. Mittelw. in mmHg	59,1	59,9	59,2	60,3	63,7	62,0	65,6	♀
N	51	77	84	70	67	43	16	
Pyknisch:								
Arithm. Mittelw. in mmHg	65,6	63,9	63,1	62,6	62,5	66,7	71,7	♂
N	17	19	21	19	14	9	3	
Arithm. Mittelw. in mmHg	59,3	58,8	58,7	58,8	59,8	62,8	70,0	♀
N	35	43	42	42	32	23	6	

Tabelle 39. Durchschnittswerte der Pulsfrequenz unmittelbar nach der Belastung bei den drei Habitusgruppen im Alter von 10 bis 16 Jahren

Alter	10	11	12	13	14	15	16 Jahre
Athletisch:							
Arithm. Mittelw. pro Min.	91,8	92,0	92,2	89,8	90,8	91,6	89,8 ♂
N	90	139	147	128	121	77	35
Arithm. Mittelw. pro Min.	99,8	100,8	100,0	99,4	99,8	105,8	112,2 ♀
N	64	112	107	93	85	60	17
Leptosom:							
Arithm. Mittelw. pro Min.	95,6	93,6	93,8	93,8	96,4	93,8	97,2 ♂
N	66	86	93	87	73	56	23
Arithm. Mittelw. pro Min.	100,2	100,6	101,2	103,8	106,2	109,6	113,0 ♀
N	50	77	84	70	67	43	16
Pyknisch:							
Arithm. Mittelw. pro Min.	98,4	98,0	96,8	101,2	102,2	91,6	93,4 ♂
N	17	20	21	19	14	9	3
Arithm. Mittelw. pro Min.	104,6	107,6	108,4	114,4	117,8	112,6	116,6 ♀
N	35	43	41	41	31	23	6

tustypen und hier auch einen Unterschied zwischen den Athletikern und Pyknikern einerseits und dem Kollektiv andererseits, denn auch bei unserem Gesamtdurchschnitt steigt die Pulsfrequenz im Stehversuch mit dem Alter noch an. *Die leptosomen Knaben und Mädchen haben* mit 14, 15 und 16 Jahren *die höchsten Durchschnittswerte des Stehpulses überhaupt.*

c) Bei der Regulation der drei Habitustypen nach der *Two-step-Belastung* stellen wir zunächst das grundsätzlich gleiche Verhalten wie beim Kollektiv fest: die Mädchen erreichen früher höhere systolische Blutdruckwerte, ab 13 Jahren etwa pendeln sie auf ein Plateau aus, während die Knaben dies durch späteren Anstieg erst ab 14 bis 15 Jahren tun. Mit 15 und 16 Jahren liegen unsere hier besprochenen 6 Gruppen dann nahezu gleich hoch. Untereinander aber sind sowohl bei den Mädchen wie bei den Knaben die Leptosomen diejenigen, die zunächst die niedrigsten Werte haben, während die pyknischen Typen zuerst die höheren Werte erreichen und die Athletiker in der Mitte liegen.

Auch der diastolische Belastungsdruck entspricht den beiden Kollektivdurchschnitten. Die Knaben liegen höher als die Mädchen. Innerhalb beider Gruppen haben die Athletiker den höchsten Mittelwert, doch sind die Unterschiede insgesamt unerheblich.

Tabelle 40. Durchschnittswerte der Amplitudenweite in der Ruhe bei den drei Habitusgruppen im Alter von 10 bis 16 Jahren

Alter	10	11	12	13	14	15	16 Jahre	
Athletisch:								
Arithm. Mittelw. in mmHg	38,5	41,6	43,0	45,8	47,3	51,1	50,4	♂
N	89	140	150	131	124	77	36	
Arithm. Mittelw. in mmHg	42,5	44,4	46,6	47,1	44,9	46,2	44,9	♀
N	66	112	109	97	87	63	17	
Leptosom:								
Arithm. Mittelw. in mmHg	36,8	38,7	42,0	41,2	43,4	48,0	50,6	♂
N	65	83	96	86	75	57	24	
Arithm. Mittelw. in mmHg	39,6	41,9	41,0	42,0	42,1	43,2	43,6	♀
N	51	78	84	74	70	45	18	
Pyknisch:								
Arithm. Mittelw. in mmHg	36,1	42,8	39,0	44,5	44,3	41,1	40,0	♂
N	14	18	21	19	14	9	3	
Arithm. Mittelw. in mmHg	41,8	44,4	44,1	46,9	44,7	43,8	45,5	♀
N	36	44	46	47	38	24	9	

Tabelle 41. Durchschnittswerte der Amplitudenweite nach 8 Min. Stehen bei den drei Habitusgruppen im Alter von 10 bis 16 Jahren

Alter	10	11	12	13	14	15	16 Jahre	
Athletisch:								
Arithm. Mittelw. in mmHg	32,4	33,1	31,8	34,8	34,9	35,7	33,8	♂
N	89	138	148	128	124	75	35	
Arithm. Mittelw. in mmHg	32,5	33,8	33,7	35,6	36,2	33,4	30,4	♀
N	65	112	109	95	87	63	17	
Leptosom:								
Arithm. Mittelw. in mmHg	31,8	29,8	31,3	33,3	32,5	34,5	36,4	♂
N	66	86	96	87	76	57	25	
Arithm. Mittelw. in mmHg	33,4	30,4	29,2	30,3	29,6	30,4	31,3	♀
N	51	78	84	74	70	45	18	
Pyknisch:								
Arithm. Mittelw. in mmHg	33,5	34,0	30,7	32,9	36,1	33,3	25,0	♂
N	16	19	21	19	14	9	3	
Arithm. Mittelw. in mmHg	34,2	32,1	33,8	34,5	34,5	37,9	34,5	♀
N	37	44	47	45	40	24	9	

Tabelle 42. Durchschnittswerte der Amplitudenweite unmittelbar nach der Belastung bei den drei Habitusgruppen im Alter von 10 bis 16 Jahren

Alter	10	11	12	13	14	15	16 Jahre	
Athletisch:								
Arithm. Mittelw. in mmHg	62,9	66,9	70,4	75,4	78,9	83,6	82,1	♂
N	90	140	148	129	122	76	34	
Arithm. Mittelw. in mmHg	64,5	74,9	78,8	83,1	87,6	85,1	89,2	♀
N	64	111	106	92	84	60	17	
Leptosm:								
Arithm. Mittelw. in mmHg	62,8	63,8	65,2	70,9	72,5	76,6	82,8	♂
N	66	86	93	86	74	56	23	
Arithm. Mittelw. in mmHg	67,8	70,9	73,7	82,7	81,1	87,5	79,4	♀
N	51	75	83	69	66	42	16	
Pyknisch:								
Arithm. Mittelw. in mmHg	63,5	71,6	72,4	76,1	82,9	77,7	80,0	♂
N	17	20	21	19	14	9	3	
Arithm. Mittelw. in mmHg	74,8	81,3	83,8	94,3	94,0	84,7	81,7	♀
N	35	43	42	42	32	22	6	

Während beim Kollektiv die Mädchen bereits von 12 Jahren an engere Stehamplituden haben als die Knaben, tritt dies bei den athletischen Formen erst ab 15 Jahren ein. Die pyknischen Varianten haben relativ weite Stehamplituden, doch wechseln ihre Werte mehr. Nach Belastung zeigen die Habitusvarianten in der Amplitudenweite keinen Unterschied zum Kollektiv, immer haben die Mädchen hier größere Weiten als die Knaben.

Im Belastungspuls haben wir – wie beim Kollektiv – immer bei den Mädchengruppen höhere Durchschnittsfrequenz als bei den Knaben und ein entschiedenes Pulsansteigen mit dem Älterwerden. Während die athletischen Knaben aber – ebenfalls wie ihr Kollektiv-Mittel – eine sinkende Tendenz der Werte zeigen (und wohl auch die pyknischen), läßt die Pulskurve der leptosomen Knaben diesen Trend noch nicht erkennen. Bei Mädchen und Jungen haben die Pykniker die höchste Frequenz, nur im Alter von 15 und 16 Jahren werden sie bei den Knaben von den Leptosomen überrundet.

3. Kritischer Vergleich zwischen den Varianten im Reifealter und im Habitus im Schellong-Längsschnitt

Während wir unsere Berechnungen durchführten, waren wir immer wieder beeindruckt, wie schnell sich bei den Durchschnittswerten der für die Gruppe dann typische Trend herausstellte, oft war er nach 10 Probanden schon klar. Dem entspricht die andere Beobachtung, daß die Individualwerte eine deutliche Häufung um den arithmetischen Mittelwert ihrer Gruppe zeigen und Extremwerte selten sind.

Selbstverständlich sind aber unsere Gruppen nicht in der Art unproblematisch, daß keine Doppeleigenschaften bei ihren Probanden vorkämen. Für eine diskrete Gruppenbildung wäre eine noch weit größere Ausgangszahl notwendig.

Es wird deshalb im Folgenden zunächst einen Vergleich im Kreislaufverhalten zwischen den Gruppen der Entwicklungsvarianten und denen der 3 Habitusformen angestellt. Vgl. Abb. 9 u. 10. Danach werden die gegenseitigen Überschneidungen in diesen Eigenschaften untersucht.

a) Wir beginnen wieder mit dem systolischen *Ruhe*blutdruck:

Bei den insgesamt später reifenden Knaben ist es leichter festzustellen, daß die Probanden der drei Habitusformen geringere Unterschiede zeigen; sie liegen von 10 bis 16 Jahren zwischen den Werten der früh- bzw. spätentwickelten Knaben.

Der diastol. Blutdruck zeigt keine nennenswerten Unterschiede, ebensowenig der Ruhepuls. Die Weite der Ruheamplitude ist bei den Frühentwicklern am größten, bei den Spätentwicklern am kleinsten; entsprechend der Abhängigkeit vorwiegend von der Höhe des systol. Blutdrucks liegen die drei Habitusformen auch hier zwischen den Reifevarianten. Letzteres trifft auch bei den Mädchen zu, bei welchen jedoch die athletischen und pyknischen Typen nahezu gleich hohe systolische Durchschnittswerte wie die Frühentwickelten haben und die Leptosomen näher an den Spätentwicklerwerten liegen.

b) Im *Stehversuch* zeigt der systol. Blutdruck keine Besonderheit. Beim diastol. Blutdruck zeigen die spätentwickelten Knaben und Mädchen eindeutig die niedrigsten Werte von den 5 Gruppen. So kommt es, daß die Gruppe der leptosomen Mädchen die engsten Stehamplituden hat.

Die höchste Pulsfrequenz haben im Stehen bei den Knaben in den ersten Beobachtungsjahren die Frühentwickler, ab 14 Jahren dann die leptosomen Typen. Bei den Mädchen übernehmen die Leptosomen bereits ab 13 Jahren die Führung, nachdem auch hier zunächst die Frühentwickelten die höchste Frequenz hatten.

Im Blutdruckverhalten sind mithin beim Stehversuch die Leptosomen den Spätentwicklern relativ ähnlich, d.h. sie haben innerhalb ihrer Variantengruppen die niedrigsten Werte. Im Pulsverhalten ist dies nicht der Fall, hier haben Spätentwickelte niedrigere Werte als Frühentwickelte, die Leptosomen

82

jedoch die höchste Frequenz unter den 3 Habitusformen. Ferner sind die Differenzen in der Pulsfrequenz bei den Habitusformen größer als bei den Entwicklungsvarianten. Letztere zeigen dagegen in den Blutdruckwerten die größeren Unterschiede.

c) Der Vergleich der systolischen Blutdruckwerte *nach Belastung* ergibt eine größere Differenz zwischen Früh- und Spätentwickelten als zwischen den Habitusformen. Das trifft für beide Geschlechter zu. In der Pulsfrequenz bestehen dagegen zwischen den Habitusvarianten die erheblich größeren Unterschiede sowohl bei den Jungen wie bei den Mädchen.

Schon diese Ergebnisse sprechen dafür, daß während der Pubertät der Reifefaktor von größerem Einfluß auf die Blutdruckhöhe ist als der Körperbautyp. Wir haben aber für den systolischen Ruheblutdruck auch innerhalb der drei Habitusgruppen noch die Durchschnittswerte der zu diesen gehörenden Früh- und Spätentwickelten berechnet und andererseits innerhalb der Früh- bzw. Spätentwickelten die Mittelwerte der hierzu gehörigen Habitustypen. Ordnet man nun die Längsschnittkurven der frühen Athletiker, Pykniker und Leptosomen zusammen, so liegen sie enger beieinander als die allgemeinen Mittelwerte dieser drei Typen. Genauso verhält es sich bei den Spätentwickelten, und zwar beide Male sowohl bei Knaben wie bei Mädchen. In jeder Habitusgruppe also haben wir eine eindeutige Differenz zwischen früh- und spätentwickelten Probanden des gleichen Körperbautyps.

Das Ergebnis ist mithin:

Athletiker und Frühentwickler bzw. Leptosome und Spätentwickler haben zwar gewisse Ähnlichkeiten im Blutdruckverhalten, die unterschiedliche relative Pulsfrequenz zeigt jedoch, daß dies kaum auf eine mögliche Identität der Probandengruppen zurückgeht. Indessen ist die Wahrscheinlichkeit für eine typische Blutdruckentwicklung beim Individuum relativ groß, wenn es sich z. B. um die Kombination athletisch + frühentwickelt bzw. leptosom + spätentwickelt handelt.

In der Pulsfrequenz können wir solche parallele Tendenzen nicht feststellen. Die Athletikergruppe hat einen niedrigeren Pulsdurchschnitt, während die Frühentwickler höhere Werte haben. Umgekehrt haben Spätentwickler eher einen niedrigeren Puls, während die Leptosomen schließlich die höchsten Durchschnittspulse haben.

Dieser Unterschied in der Pulsfrequenz macht besonders deutlich, daß unsere Reife- bzw. Habitusgruppen sich nicht etwa einfach decken und darin die ähnlichen Blutdrucktendenzen z. B. bei Athletikern und Frühentwickelten ihre Erklärung haben, obwohl unter den Athletikern z. B. erheblich mehr Früh- als Spätentwickelte sind und unter den spätentwickelten Mädchen viele Leptosome.

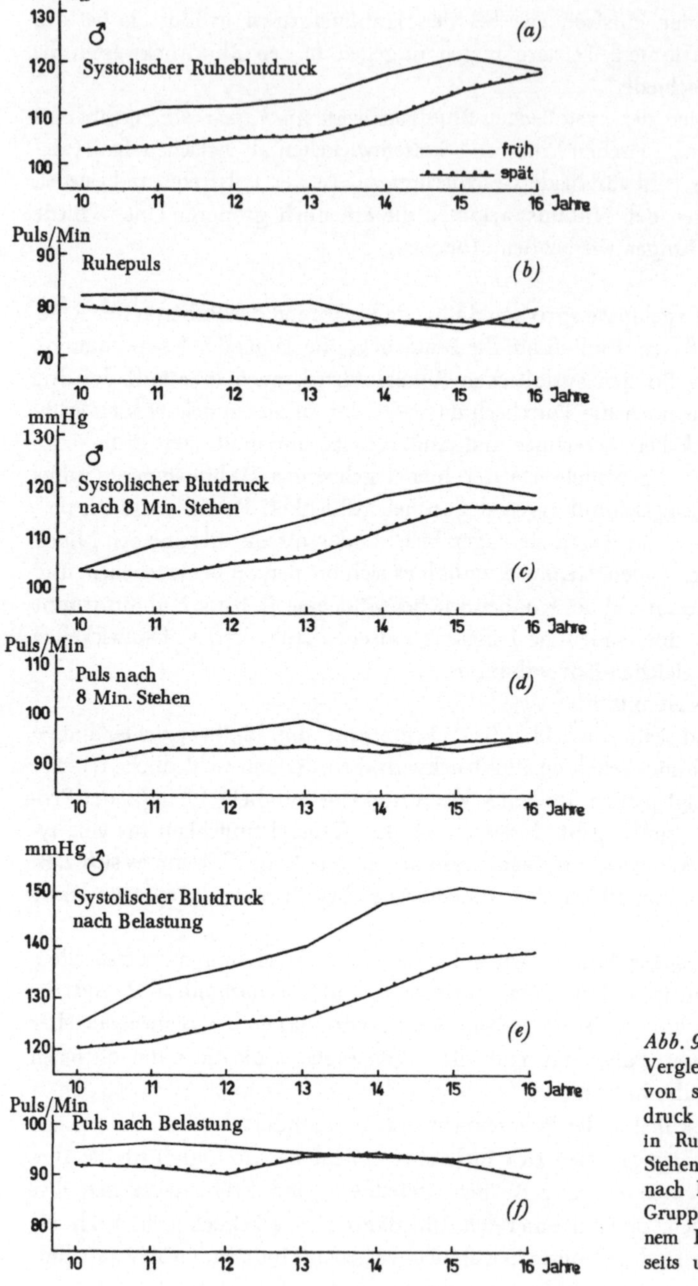

Abb. 9.
Vergleich des Verhaltens von systolischem Blutdruck und Pulsfrequenz in Ruhe, nach 8 Min. Stehen und unmittelbar nach Belastung bei den Gruppen mit verschiedenem Reifetermin einerseits und den Gruppen

84

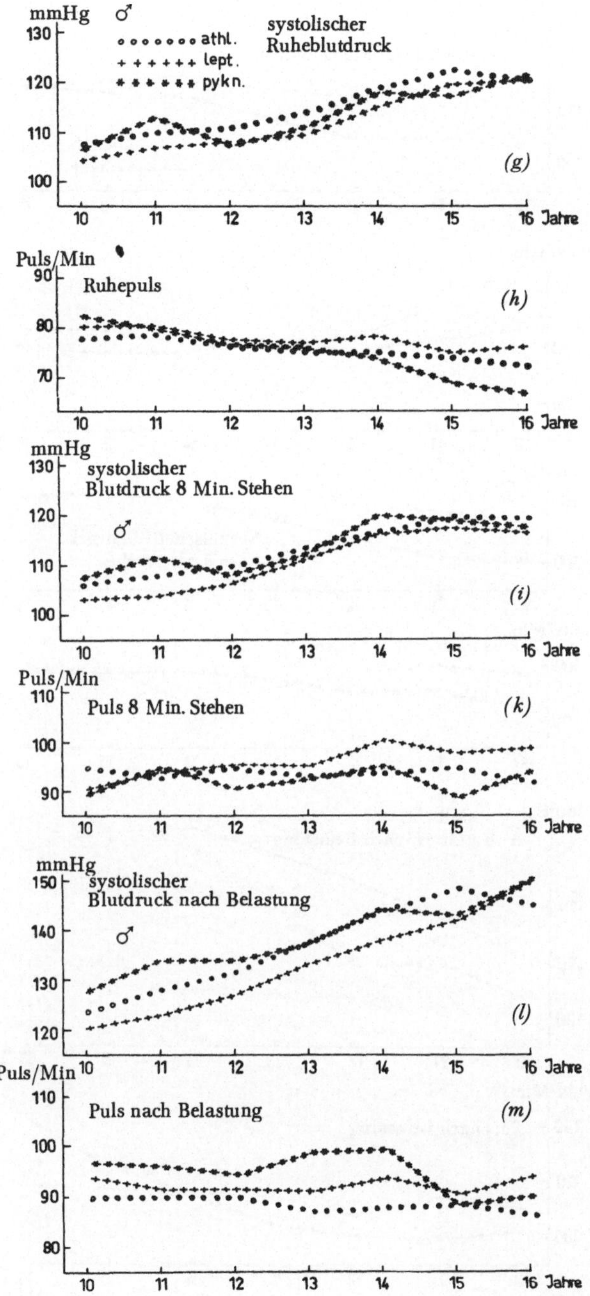

mit verschiedenem Habitus andererseits. — Links Reifevarianten, rechts Habitusvarianten. — Dargestellt ist der arithmetische Mittelwert von 10 bis 16 Jahren der *Knaben*-Gruppen. N wie in Tab. 26—28 bzw. Tab. 31—39.

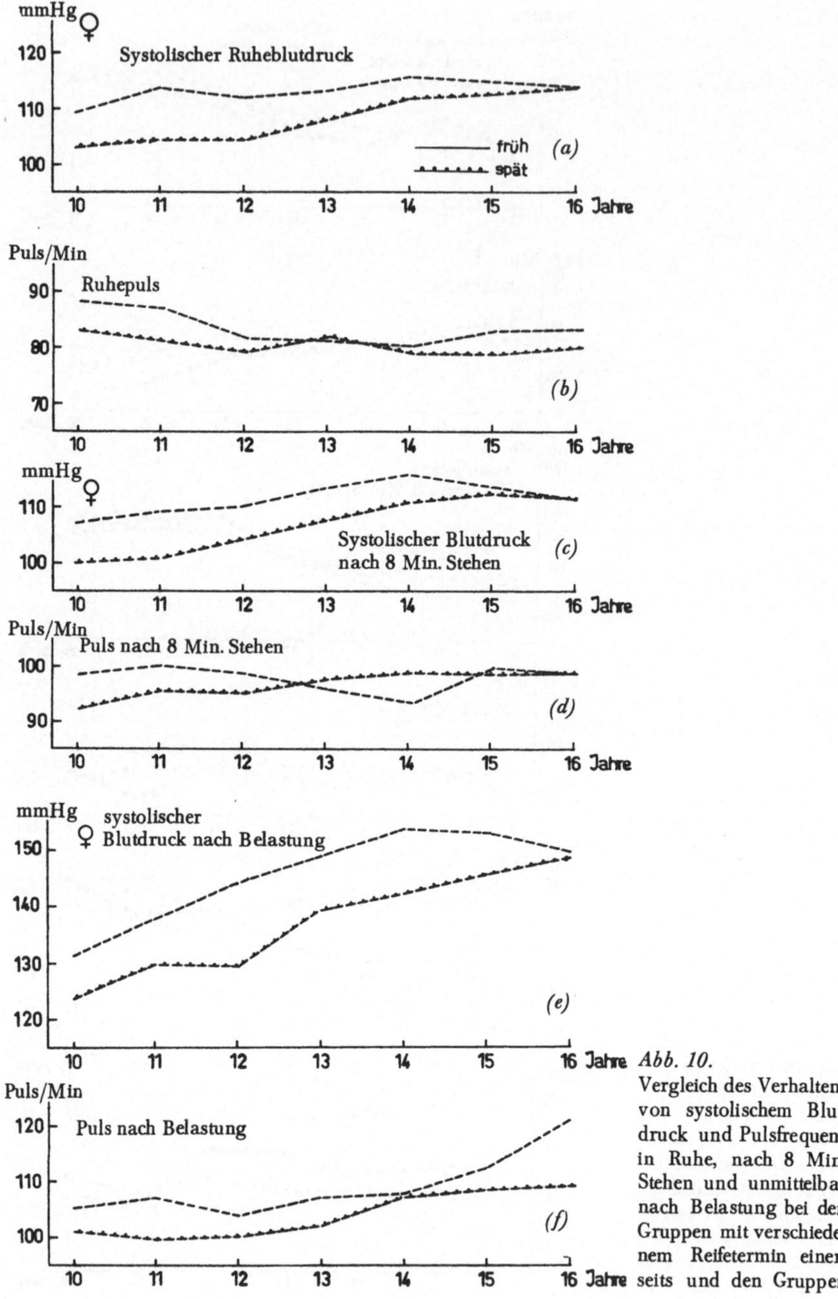

Abb. 10.
Vergleich des Verhaltens von systolischem Blutdruck und Pulsfrequenz in Ruhe, nach 8 Min. Stehen und unmittelbar nach Belastung bei den Gruppen mit verschiedenem Reifetermin einerseits und den Gruppen

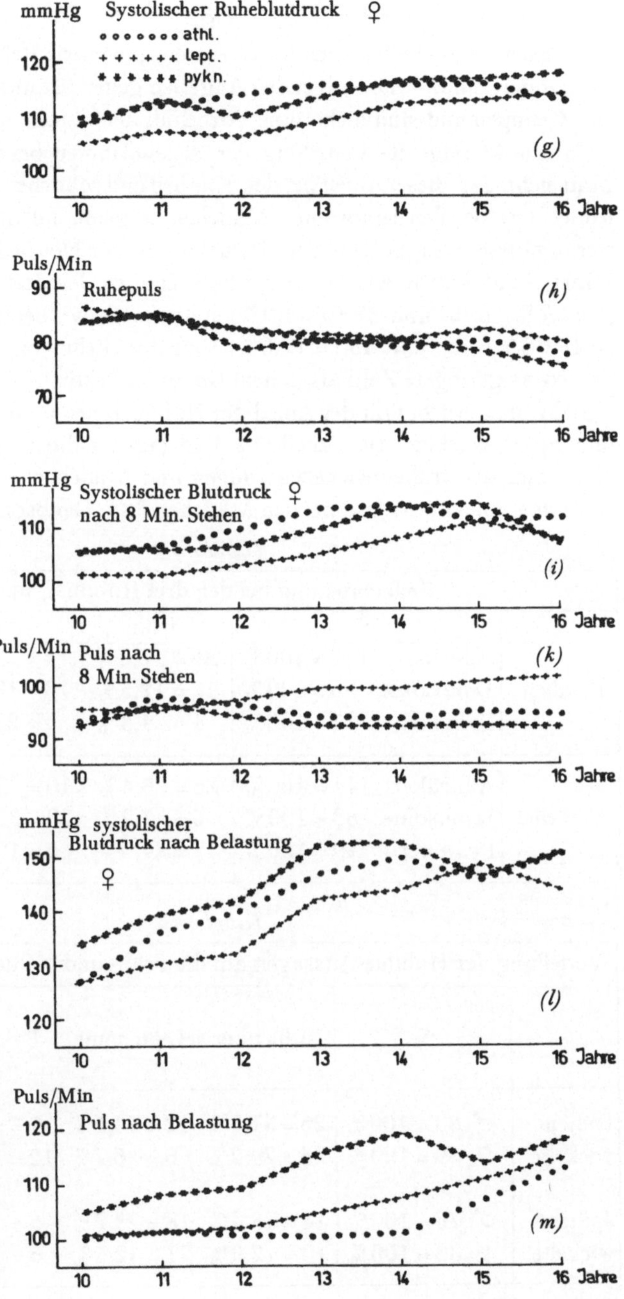

mit verschiedenem Habitus andererseits. — Links Reifevarianten, rechts Habitusvarianten. — Dargestellt ist der arithmetische Mittelwert von 10 bis 16 Jahren der *Mädchen*-Gruppen. N wie in Tab. 26—28 bzw. Tab. 31—39.

Es ist aber zweifellos wichtig zu wissen, inwieweit Reife- und Habitustypen kombiniert sind. – Die folgenden Angaben gelten für unsere bisher besprochenen Gruppen und sind nicht ohne Vorbehalt als allgemeingültig anzusehen.

Tabelle 43 zeigt die Verteilung der Reifevarianten bei den Habitusgruppen. Man sieht, daß dieser Anteil bei den Knaben und Mädchen ganz verschieden ist, jedoch nur bei den leptosomen Mädchen so groß, daß man eine Charakterisierung dieser Gruppe durch ein Drittel Spätentwickler bedenken muß.

Insgesamt haben wir unter den 265 Knaben der drei Habitusgruppen 39 (= 14,7%) früh- und 37 (= 14,0%) spätentwickelte, bei den 243 Mädchen 44 (= 18,0%) früh- und 43 (= 17,6%) spätentwickelte Jugendliche, also jeweils eine etwas geringere Zahl als in dem Gesamtkollektiv.

Mehr ins Gewicht fällt der Anteil der Habitustypen an den Gruppen der Früh- und Spätentwickler. In Tabelle 44 sind deren Zahlen angeführt. Wir haben also unter den frühentwickelten Jungen und Mädchen je etwa 30% Athletiker, unter den Spätentwicklern bei den Mädchen 32% Leptosome!

Tabelle 43

Reifeverteilung bei den drei Habitusgruppen				
	N	früh	spät	übrige
Knaben	Athletiker 148 = 100%	26 = 17,6%	14 = 9,5%	108 = 73,0%
	Leptosome 96 = 100%	12 = 12,5%	18 = 18,8%	66 = 68,7%
	Pykniker 21 = 100%	1 = 4,8%	5 = 23,8%	15 = 71,4%
Mädchen	Athletiker 111 = 100%	26 = 23,4%	10 = 9,1%	75 = 67,5%
	Leptosome 83 = 100%	6 = 7,2%	28 = 33,7%	49 = 59,1%
	Pykniker 49 = 100%	12 = 24,5%	5 = 10,2%	32 = 65,3%

Tabelle 44

Verteilung der Habitus-Aussagen auf die Früh- und Spätentwickler-Gruppen					
	N	Athletiker	Leptosome	Pykniker	nicht im Habitus defin.
frühent-wickelte	♂ 83 = 100%	26 = 31,3%	12 = 14,5%	1 = 1,2%	44 = 53,0%
	♀ 89 = 100%	26 = 29,2%	6 = 6,7%	12 = 13,5%	45 = 50,6%
spätent-wickelte	♂ 76 = 100%	14 = 18,4%	18 = 23,7%	5 = 6,6%	39 = 51,3%
	♀ 83 = 100%	10 = 12,0%	27 = 32,5%	6 = 7,2%	40 = 48,2%

4. Extrem-Varianten in der Höhe des systolischen Ruheblutdrucks
bei Knaben und Mädchen

Zur Frage der individuellen Konstanz der Blutdruckhöhe

Bei den bisher besprochenen Untergruppen sind wir in der Probandenauswahl von Kriterien außerhalb der Kreislaufwerte ausgegangen.

Im folgenden Abschnitt wird dagegen untersucht, inwieweit beim Individuum ein gleichbleibendes Kreislaufverhalten gegeben ist. Es sind dafür ebenfalls eine ganze Reihe verschiedener Kriterien möglich. Wir haben zunächst die relative Höhe des systolischen Ruheblutdrucks herausgegriffen. Wie schon zu Anfang bemerkt, zeigen viele unserer Probanden selbst unter unseren recht primitiven Untersuchungsbedingungen bemerkenswert konstante Ruhewerte.

Aus Tabelle 1 ist zu entnehmen, daß der arithmetische Mittelwert des systolischen Ruheblutdrucks zwischen 10 und 16 Jahren bei den Knaben um 15,3 mmHg, bei den Mädchen um 8,4 mmHg ansteigt. Wir haben bei unseren Stuttgarter Kindern (N = etwa 150 σ u. 150 φ) die individuellen Schwankungsbreiten in dem gleichen Zeitraum untersucht und festgestellt, daß sie trotz dieses altersbedingten Anstiegs überraschend eng sind. Die individuellen systolischen Ruhewerte dieser Probanden bewegen sich in den 6 Jahren

bei 73,0 % aller Mädchen innerhalb 15 mmHg,
„ 93,6 %   „   „   „   20   „   ,
„ 98,4 %   „   „   „   25   „   ,

bei 48,7 % aller Knaben innerhalb 15 mmHg,
„ 70,1 %   „   „   „   20   „   ,
„ 85,5 %   „   „   „   25   „   .

Unter Berücksichtigung der normalen Fehlerbreite bei einfachen Untersuchungsbedingungen (lediglich 5 Minuten Ruhe, Messung im Liegen) sprechen diese Befunde für eine erhebliche Konstanz des individuellen systolischen Blutdrucks. Zugleich darf man danach eine weitgehende Homogenität der Perzentilgruppen im Längsschnitt annehmen.

Die Abgrenzung eines oberen und unteren Bereichs bei der durchschnittlichen Blutdruckhöhe des Kollektivs macht es uns möglich, konstante Zugehörigkeit zu solchem Bereich unter Berücksichtigung des altersbedingten Blutdruckanstiegs zu beobachten. Entsprechend haben wir – wieder getrennt nach Knaben und Mädchen – Probanden herausgesucht, die durch die 5 bis 6 Jahre ihrer Beobachtung hin beständig im Wert des systolischen Ruheblutdrucks oberhalb der Marke P_{80} oder unterhalb der Marke P_{20} des Kollektivs lagen. Hierbei wurde ein strenger Maßstab angelegt, denn die Individualwerte sind ja stets auf volle 5 mmHg abgerundet und dadurch wurde unsere obere und untere Grenze noch etwas von der Mitte herausgerückt. Diese Gruppen bezeichneten wir zunächst als „Extremvarianten des Blutdrucks". Dabei ergab sich die Notwendigkeit, neue prägnante Namen für die beiden Untergruppen zu finden, die eine klinisch-pathologische Bedeutung vermeiden. Wir entschlossen uns für die sprachlich sauberste Lösung: „Bathytonie" und „Hypselotonie", die auch die entsprechenden Adjektive erlauben ($\beta\alpha\vartheta\acute{v}\varsigma$ = tief, u. $\acute{v}\psi\eta\lambda\acute{o}\varsigma$ = hoch).

Beide Untergruppen haben wir hinsichtlich ihrer übrigen von uns erfaßten Kreislauffaktoren in den Schellongfixpunkten im Längsschnitt untersucht. Ferner haben wir sonstige körperliche Befunde, auch funktioneller Art, sowie darüber hinaus die soziologischen Daten dieser Jugendlichen zusammengestellt und dabei doch recht überraschende Ergebnisse erhalten. Für den somatischen und soziologischen Vergleich nahmen wir auch Kinder, die nur 4 Jahre lang untersucht wurden, hinzu, wenn sie in diesen 4 Jahren bathyton bzw. hypseloton gewesen waren. — Als erstes interessiert die Frage, ob es sich hier um eine zahlenmäßig überhaupt nennenswerte Gruppe handelt. Die Perzentilausdrucksweise besagt ja, daß oberhalb P_{80} ein Fünftel aller gemessenen Werte liegt, wir also bei einem gegebenen Kollektiv 20% mit relativ hohem Blutdruck haben.

Es stellte sich nun heraus, daß etwas mehr als 10% aller Knaben und Mädchen beständig über die ganze Untersuchungszeit hin in diesen oberen Bereich fallen (die Zahl variiert geringfügig je nach Untersuchungsstelle, ist eher höher), so daß also ganz allgemein jedes zweite Kind, bei dem in wiederholter Messung ein hoher Ruhewert festgestellt wird, als „fixiert hypseloton" anzusehen ist. Auf die sicher nicht nur theoretische Bedeutung hiervon wird später noch eingegangen werden.

Bei der „bathytonen" Gruppe beträgt der Anteil rund 10% der Knaben und 6 bis 7% der Mädchen; die Anzahl der „beständig bathytonen" Kinder ist also ebenfalls bemerkenswert groß.

Damit ist erneut die Frage nach der Ursache der Streuung im Kollektiv aufgeworfen (vgl. S. 59). Nachdem wir gesehen haben, daß die Varianten im Reifungstempo nur während der Pubertät differente Durchschnittswerte haben – und Unterschiede bei den Habitusgruppen noch geringer sind – führen die Befunde bei der Hypselo- und Bathytonie-Gruppe zu dem Schluß, daß die Streuung auf einer endogen bestimmten individuell verschieden hohen Blutdrucklage beruht, für deren Ätiologie nach weiteren Erklärungen gesucht werden muß.

Als absolute Zahl überwiegen in beiden Gruppen die Knaben. In diesem Alter von 15 Jahren ist aber auch beim Kollektiv der Anteil der Knaben höher.

Wir hatten zu dieser Zeit noch 368 Jungen und nur noch 331 Mädchen, bei denen alljährlich die Kreislaufregulation geprüft werden konnte.

a) *Vergleich der sonstigen Kreislaufwerte bei hypselotonen und bathytonen Jugendlichen einschließlich Stehversuch und Belastung*

Betrachten wir zunächst *die übrigen Kreislaufwerte* der „Bathytonen" und „Hypselotonen". Dazu muß man sich klar machen, daß es erhebliche Schwierigkeiten bedeutet, vier Faktoren, nämlich systolischen und diastolischen Blutdruck, Amplitude, Puls, in je drei Qualitäten (hoch, niedrig, wechselnd) des Längsschnittverhaltens bei vier verschiedenen Gruppen überschaubar zu machen. Wir haben versucht, dieses Problem in Tabelle 45 zu lösen. Hier sind die Ergebnisse zunächst als Prozentangaben gebracht. Sie sind so leichter erfaßbar. Da unsere Probandenzahlen jedoch nicht sehr groß sind, könnte man statistische Einwände erheben, und wir bringen die tatsächlichen Zahlen anschließend in Tabelle 46. Es handelt sich hierbei um eine Kasuistik von insgesamt 122 Kindern.

Die Definition der Begriffe „hoch, niedrig, wechselnd" für die übrigen Kreislaufwerte ist dabei folgende: hoch = Wert etwa ab Perzentilmarke 65 (bzw. darüber) des betreffenden Faktors über alle Beobachtungsjahre hin; niedrig = Wert zwischen P_0 bis P_{35} etwa, ebenfalls im Längsschnitt, wobei die Altersveränderungen dieser Marken also berücksichtigt sind. Wechselnd: starke Schwankung der Individualwerte zwischen hoch und niedrig (dies tritt dann in den 5 bis 6 Jahren meist nur 1 bis 2mal auf). Zu ergänzen sind in der Tabelle also bis 100 % nur diejenigen Fälle, deren sonstige Schellong-Werte ständig der Mittellage entsprechen.

Nach diesen Hinweisen stellen wir fest: die *„bathytonen"* Jungen und Mädchen haben im Längsschnitt niemals einen hohen diastolischen *Ruhe*wert und niemals große Amplitudenwerte. Beides kommt nur in Ausnahmefällen und dann in Einzeljahren vor. Die Knaben haben z. T. eine Tachykardieneigung, die Mädchen nur ganz selten, 40 bis 50 % beider Gruppen haben ausgesprochen niedrige Ruhepulswerte. Auch im *Steh*versuch bleiben weit über 80 % dieser „bathytonen" Jungen und Mädchen im systolischen Blutdruck in der Perzentilgruppe 0 bis 20, ebenso im diastolischen Stehwert. Dennoch haben sie überwiegend enge Amplituden, besonders nach 8 Minuten Stehen. Der Stehpuls ist dagegen nur noch bei rund 30 % niedrig, steigt vor allem bei den Knaben bemerkenswert oft zu hohen Werten an.

Nach Belastung haben wir wiederum bei über 80 % dieser Jugendlichen auch nur besonders niedrige systolische Blutdruckwerte; diastolisch besteht dieser Befund auch bei den Knaben, während die Mädchen hier mehr zu mittleren Werten tendieren. Die Belastungsamplituden sind bei rund 50 % klein, sonst

Tabelle 45. Längsschnittverhalten der Schellongwerte bei den bathytonen und hypselotonen Knaben und Mädchen, Prozentangaben, vgl. Text

	Ruhe			4' Stehen			8 Stehen			Belastung		
	niedrig	hoch	wechselnd	niedrig	hoch	wechselnd	niedrig	hoch	wechselnd	niedrig	hoch	wechselnd
Systol. Blutdr.	100,0	—	—	90,3	3,2	6,5	93,5	3,2	3,2	90,3	—	6,5
Diast. Blutdr.	80,7	—	3,2	90,3	—	3,2	80,6	3,2	6,5	77,5	6,5	3,2
Amplitude	45,2	—	12,9	61,3	3,2	—	87,1	—	—	54,9	—	—
Puls	41,9	22,6	19,4	29,0	32,3	25,8	29,0	38,7	22,6	25,8	25,8	25,8

bathytone Knaben, N = 31

	Ruhe			4' Stehen			8 Stehen			Belastung		
	niedrig	hoch	wechselnd	niedrig	hoch	wechselnd	niedrig	hoch	wechselnd	niedrig	hoch	wechselnd
Systol. Blutdr.	100,0	—	—	82,6	—	13,0	87,0	—	4,4	82,6	—	8,7
Diast. Blutdr.	78,4	—	—	47,8	—	13,0	56,5	—	8,7	39,1	8,7	8,7
Amplitude	69,5	—	4,4	56,5	4,4	17,4	74,0	—	8,7	47,8	13,0	4,4
Puls	47,9	4,4	4,4	21,7	26,0	26,0	30,3	13,0	26,0	26,0	13,0	21,6

bathytone Mädchen, N= 23

	Ruhe			4' Stehen			8 Stehen			Belastung		
	niedrig	hoch	wechselnd	niedrig	hoch	wechselnd	niedrig	hoch	wechselnd	niedrig	hoch	wechselnd
Systol. Blutdr.	—	100,0	—	—	100,0	—	—	94,8	5,1	—	94,8	2,6
Diast. Blutdr.	28,2	41,0	10,2	15,4	41,0	18,0	15,4	41,0	25,6	30,7	25,6	7,7
Amplitude	—	84,7	5,1	5,1	77,1	12,8	5,2	69,4	25,6	2,6	82,2	5,1
Puls	—	51,2	7,7	7,7	64,1	20,5	15,4	48,6	18,0	15,4	48,7	7,7

hypselotone Knaben, N= 39

	Ruhe			4' Stehen			8 Stehen			Belastung		
	niedrig	hoch	wechselnd	niedrig	hoch	wechselnd	niedrig	hoch	wechselnd	niedrig	hoch	wechselnd
Systol. Blutdr.	—	100,0	—	—	79,3	17,3	3,5	79,3	10,3	—	100,0	—
Diast. Blutdr.	37,9	34,5	3,5	17,3	34,6	24,1	24,1	31,1	20,7	28,6	21,5	14,3
Amplitude	—	89,8	—	3,5	65,5	20,7	3,5	62,0	28,7	—	96,4	—
Puls	17,3	51,8	10,3	13,8	44,8	31,0	10,5	44,9	31,0	10,7	60,7	25,0

hypselotone Mädchen, N= 29

Tabelle 46. Numeri zu den Prozentangaben in Tabelle 45, vgl. auch den Text

	Ruhe			4 Stehen			8'Stehen			Belastung		
	niedrig	hoch	wechselnd	niedrig	hoch	wechselnd	niedrig	hoch	wechselnd	niedrig	hoch	wechselnd
Systol. Blutdr.	31	—	—	28	1	2	29	1	1	28	—	2
Diast. Blutdr.	25	—	1	28	—	1	25	1	2	24	2	1
Amplitude	14	—	4	19	1	—	27	—	—	17	—	—
Puls	13	7	6	9	10	8	9	12	7	8	8	8

bathytone Knaben

	Ruhe			4 Stehen			8'Stehen			Belastung		
	niedrig	hoch	wechselnd	niedrig	hoch	wechselnd	niedrig	hoch	wechselnd	niedrig	hoch	wechselnd
Systol. Blutdr.	23	—	—	19	—	3	20	—	1	19	—	2
Diast. Blutdr.	18	—	—	11	—	3	13	—	2	9	2	2
Amplitude	16	—	1	13	1	4	17	—	2	11	3	1
Puls	11	1	1	5	6	6	7	3	6	6	3	5

bathytone Mädchen

	Ruhe			4 Stehen			8'Stehen			Belastung		
	niedrig	hoch	wechselnd	niedrig	hoch	wechselnd	niedrig	hoch	wechselnd	niedrig	hoch	wechselnd
Systol. Blutdr.	—	39	—	—	39	—	—	37	2	—	37	1
Diast. Blutdr.	11	16	4	6	16	7	6	16	10	12	10	3
Amplitude	—	33	2	2	30	5	2	27	10	1	32	2
Puls	—	20	3	3	25	8	6	19	7	6	19	3

hypselotone Knaben

	Ruhe			4 Stehen			8'Stehen			Belastung		
	niedrig	hoch	wechselnd	niedrig	hoch	wechselnd	niedrig	hoch	wechselnd	niedrig	hoch	wechselnd
Systol. Blutdr.	—	29	—	—	23	5	1	23	3	—	28	—
Diast. Blutdr.	11	10	1	5	10	7	7	9	6	8	6	4
Amplitude	—	26	—	1	19	6	1	18	6	—	27	—
Puls	5	15	3	4	13	9	3	13	9	3	17	7

hypselotone Mädchen

mittel, nur bei 13% der Mädchen weit. Der Belastungspuls ist — ähnlich wie im Stehversuch — bei einer bemerkenswert großen Anzahl der Knaben hoch (25,8%), nur seltener bei den Mädchen. Nur in ebenfalls einem Viertel aller Fälle bleibt er ausgesprochen niedrig.

Kinder mit großen Schwankungen haben wir in nennenswerter Anzahl nur bei dem Faktor „Puls".

Wir stellen demnach eine weitgehende *Koppelung fest zwischen langjährig sehr niedrigem systolischem Ruheblutdruck, niedrigem diastolischem Ruheblutdruck und engen Amplituden.* Diese Koppelung besteht ganz überwiegend auch im Stehversuch und als Reaktion auf Belastung. *Im Puls herrscht niedrige bis mittlere Frequenz vor,* nur im Stehen und nach Belastung hat ein größerer Prozentsatz der Knaben eine Tachykardie.

Vergleicht man damit die Jugendlichen mit *beständig hohem systolischem Ruheblutdruck,* so haben viele auch einen hohen diastolischen Ruheblutdruck. Bei einer beträchtlichen Anzahl aber ist der diastolische Blutdruck auch besonders niedrig. Die Ruheamplituden sind jedoch in weit höherem Prozentsatz besonders groß. Über die Hälfte aller dieser Kinder hat eine relativ sehr hohe Ruhepulsfrequenz, nur einige Mädchen haben — etwa 17% — eine Bradykardie. Im *Stehversuch* wiederholt sich das nun schon so oft beobachtete Gleichbleiben des systolischen Blutdrucks, wenn er auch bei den Mädchen eher einmal absinkt als bei den Knaben; der diastolische Blutdruck ist im Stehversuch nicht häufiger hoch, jedoch seltener niedrig, als in der Ruhe; die Amplituden bleiben überwiegend weit. Der Stehpuls ist auch etwa in der Hälfte der Fälle relativ sehr frequent, ausgesprochen langsam ist er in höchstens 15%.

Nach der Belastung reagiert diese Gruppe besonders einheitlich mit nahezu 100%ig hohem systolischem Blutdruck. Der diastolische Blutdruck ist seltener als in der Ruhe hoch, aber nur etwa im gleichen Ausmaß besonders niedrig. Entsprechend sind auch die Amplituden überwiegend sehr groß; der Puls ist in gut der Hälfte der Fälle besonders frequent (vor allem bei den Mädchen), nur selten ist er relativ bradykard.

Wir können bei dieser Gruppe also festhalten: *Kinder mit jahrelang hohem systolischen Ruhe-Blutdruck haben weitgehend auch höheren diastolischen Blutdruck* und *weitere Amplituden bei beiden Geschlechtern* über den ganzen Schellonglängsschnitt hin, wobei der systol. Blutdruck auch im Stehen und nach Belastung hoch liegt. Eine *relative Tachykardieneigung* ist ebenfalls festzustellen und *nur selten* haben diese Jugendlichen sehr *niedrige Pulswerte.*

In allen Qualitäten des Schellong-Längsschnitts haben also unsere beiden Gruppen *ein sehr beständiges gegensätzliches Verhalten* — nicht nur im systolischen Ruheblutdruck. Dabei wäre die Tachykardieneigung der Hypselotonen ebensowenig vorauszusetzen gewesen wie die Neigung zu niedriger Pulsfrequenz bei den Bathytonen. Mädchen- und Jungengruppe verhalten sich jeweils weitgehend gleich, wobei, wie gesagt, die sexualdifferenten Perzentilgrenzwerte für den Vergleich berücksichtigt wurden.

Wie zu Beginn dieses Abschnitts erwähnt, liegen die Probanden der *Bathytonie- und der Hypselotonie-Gruppe immer im gleichen Allgemeinabstand zum gleichaltrigen Kollektiv-Mittelwert,* im Gegensatz zu den Gruppen der Früh- und Spätreifen.

b) Blutdruckwerte im Grundschulalter bei den Stuttgarter Probanden der Hypselotonen und Bathytonen

Es ist nun außerordentlich interessant zu wissen, ob dieser eindeutige Gegensatz auch schon im Grundschulalter — also sicher vor Einsetzen der Pubertätseinflüsse — besteht. Wir können diese Frage klar bejahen und dafür die Stutt-

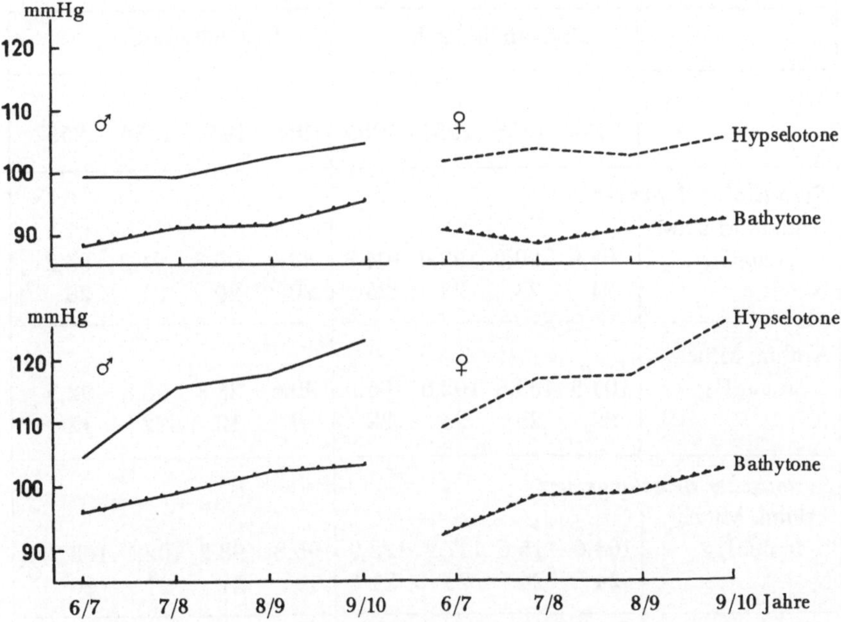

Abb. 11. Grundschulwerte des systolischen Blutdrucks in Ruhe und nach Belastung bei den Gruppen der Hypselotonen und Bathytonen (entsprechen dem Alter 6/7—9/10 Jahre). links Knaben, rechts Mädchen. — Arithmetischer Mittelwert. N wie in Tabelle 47, vgl. Text. — oben Ruhe, unten nach Belastung.

garter Probanden unserer beiden Gruppen heranziehen. Die in lockerer Stehhaltung gemessenen systolischen Durchschnittswerte der Ruhelage zeigen bei ihnen ebenso differente Werte wie in späterem Alter und noch eindeutiger sind die Unterschiede der Belastungswerte (die nach 10 Kniebeugen gemessen wurden). Wir haben die Ergebnisse in den Kurven der Abbildung 11 dargestellt, aus welcher auch die übereinstimmenden Verhältnisse bei Knaben und Mädchen abzulesen sind; die Mittelwerte gibt Tab. 47 wieder. Man vergleiche dazu Tab. 30 u. Abb. 8 mit den Werten der Früh- und Spätentwickler. Mit diesen Grundschuldaten können wir also nachweisen, daß eine Reihe von Kindern 10 Jahre lang beständig weit über bzw. weit unter dem Durchschnittswert ihrer Alters- und Geschlechtsnorm lagen.

Tabelle 47. Durchschnittswerte des systolischen Blutdrucks im Grundschulalter bei Stuttgarter Kindern, die im Alter von 10 bis 16 Jahren hypseloton bzw· bathyton sind. Vgl. auch Tabelle 30

	beständig hoch				beständig niedrig			
Untersuchungs-jahr	1952	1953	1954	1955	1952	1953	1954	1955
Systolischer Ruhewert Arithm. Mittelw. in mmHg N	98,9 24	98,8 24	102,0 23	104,3 23	88,0 20	90,8 20	91,2 21	95,2 20 ♂
Arithm. Mittelw. in mmHg N	101,5 22	103,5 23	102,6 23	105,5 22	90,6 9	88,3 12	90,8 12	92,5 12 ♀
Systolischer Belastungswert Arithm. Mittelw. in mmHg N	104,6 24	115,6 24	117,4 23	122,9 21	95,8 19	98,8 21	102,1 21	103,2 20 ♂
Arithm. Mittelw. in mmHg N	109,1 22	116,8 22	117,6 23	126,1 22	92,2 9	98,3 12	98,8 12	102,8 12 ♀

Die Extremvarianten zeigen einige Differenzen in somatischen Befunden. Diese sind in Tabelle 48 zusammengestellt. Außer den dort angeführten Befundgruppen verglichen wir auch die Lochkarteneinträge über Dysplasien, jedoch fanden sich nur in einem einzigen Fall bei einem hypselotonen Knaben der Eintrag „allgemeine Dysplasie", sonst nur einige Linkshänder oder Träger von Stigmen. Da die beiden eben besprochenen Blutdruck-Gruppen keine auffälligen Unterschiede des Kreislaufverhaltens zwischen Knaben und Mädchen zeigten, haben wir der Übersichtlichkeit halber in Tabelle 48 Knaben und Mädchen zusammengefaßt und werden Diskrepanzen im Text besprechen. Grundsätzlich wurden für die Angaben die Einträge des letzten Untersuchungsjahres berücksichtigt, für die Meßzahlen wurde dagegen bei allen Probanden jeweils die gleiche Altersklasse verglichen. Den Angaben liegen die Einträge der verschiedenen Untersucher nach den Richtlinien unserer „Körperfehlertabelle" zugrunde (vgl. „Deutsche Nachkriegskinder";[4]).

Tabelle 48 läßt erhebliche Unterschiede zwischen den Gruppen der Extrem-Varianten vor allem in den Spalten: Allgemeinzustand, orthostatische Befunde, Nervensystem u. Psyche, und im Spirometer-Wert erkennen.

Zur Frage von Unterschieden zwischen beiden Geschlechtern ist zu sagen:

Die endokrinen Störungen betreffen bei den Hypselotonen fünf Knaben und zwei Mädchen. Diese Zahl ist zu klein, um etwaige Zusammenhänge klären zu wollen, ebenfalls bei den Bathytonen. Meist handelt es sich um genitale Dysfunktion . und um krankhafte Fettsucht. – Von den möglichen chronischen Allgemeinerkrankungen wurden nur Rachitisreste vermerkt, alle 9 Fälle betreffen Knaben. In der Herz/Kreislauf-Gruppe sind keine Geschlechtsunterschiede deutlich.

Kinderfehler finden sich dagegen auffällig vermehrt bei den bathytonen Knaben, und nervöse Übererregbarkeit in beiden Gruppen mehr bei den Mädchen.

Die hohen Spirometer-Werte finden wir in beiden Gruppen bis auf eine Ausnahme nur bei den Knaben.

Beim Intelligenztest lagen insgesamt wesentlich mehr Ergebnisse von Knaben vor, so daß hier keine brauchbare Aussage über etwaige Geschlechtsunterschiede gemacht werden kann; auch schwanken die Längsschnitt-Individualwerte stark.

Den Oberarm-Umfang hatten wir nur in Stuttgart bei je 100 Knaben und Mädchen im letzten Untersuchungsjahr gemessen. Von diesen fallen nur zufällig einige in die hier besprochenen Gruppen. Das etwas höhere Durchschnittsmaß der Hypselotonen liegt immerhin näher an 25 als an 30 cm und

Tabelle 48. Somatologische Aussagen über die Bathytonie- und Hypselotonie-Gruppe. Absolute Zahlen.

	Bathytone N = 70 (39♂+31♀)	Hypselotone N = 94 (50♂+44♀)
Allgemeinzustand		
Gut	15	55
Schlecht	11	0
Endokrine Störungen	3	7
Chronische Allgemeinerkrankungen		
(Nur Rachitisreste)	7	2
Nase / Mund		
Leichtere Befunde	12	19
Wesentliche Befunde	20	28
Herz / Kreislauf		
„Funktionelle Störungen"	4	5
Orthostatische Befunde	15	2
Nervensystem und Psyche		
Kinderfehler	13	5
Nervöse Übererregbarkeit	11	23
Funktionelle Beeinträchtigungen		
Gering und vorübergehend	20	27
Dauernd, schwer	0	1
Spirometerwert im Durchschnitt, mit 14 Jahren		
2 bis 4 *l*	55	66
darüber	4	12
Gesamtpunktzahl beim Intelligenztest,		
mit 14 Jahren (nur unvollständige Angaben)		
Bis 60 Punkte	30	25
Über 60 Punkte	10	14
Arithmetischer Mittelwert des Oberarmumfangs		
Bathytone N = 14, Hypselotone N = 29	24,1	26,5
	♂ ♀	♂ ♀
Durchschnittsgewichte der 15jährigen in kg	54,1 53,1	63,7 60,2
Durchschnittsgrößen der 15jährigen in cm	168,4 161,3	172,9 162,3

98

ist im Ganzen nur prinzipiell festzuhalten, denn die Differenz der Durchschnitts-
maße — 2,4 cm — ist äußerst gering im Vergleich zur großen Differenz der
mittleren Blutdruckhöhe beider Gruppen. Die bathytonen Mädchen haben
einen etwas geringeren Armumfang als die Knaben dieser Gruppe. Die hypselotonen Mädchen dagegen haben etwa 1 cm mehr Oberarmumfang als diese
Jungen; sie haben – genau wie in der Bathytonie-Gruppe – ein geringeres
Durchschnittsgewicht als die Jungen. Der Durchschnittswert des Quetelet-Index
ist in jeder Gruppe bei Jungen und Mädchen fast gleich.

Ein Vergleich der bathytonen und der hypselotonen Gruppe in Bezug auf die
Extremvarianten der körperlichen Reifung ergibt eindrucksvolle Gegensätze,
die die Tabelle 49 demonstriert.

Wir haben unter den 94 Hypselotonen statt 20% etwa 29% Frühentwickler,
statt 20% aber nur 6,5% Spätentwickler. Umgekehrt haben wir bei den Bathytonen nur rund 8,5% frühentwickelte, dagegen 30% spätentwickelte Knaben
und Mädchen (statt je 20%). Die Unterschiede betreffen beide Geschlechter
gleichsinnig, nur sind sie bei den Knaben noch etwas ausgeprägter.

Von den drei Habitus-Formen finden wir, wie zu erwarten, bei beiden Geschlechtern in der Gruppe hoher Blutdruckwerte einen besonders großen
Prozentsatz Athletiker, während die Zahl der leptosomen Typen gering ist.

*Tabelle 49. Verteilung von Reife- und Habitusvarianten auf die Gruppen der
Hypselotonen und Bathytonen. Absolute Zahlen.*

		Bathytone N = 70 (39♂+31♀)	Hypselotone N = 94 (50♂+44♀)
Knaben	früh-entwickelt	3	15
	spät-	12	2
Mädchen	früh-entwickelt	3	12
	spät-	9	4
Knaben	pykn.	2	4
	athl.	13	29
	leptos.	16	8
Mädchen	pykn.	7	6
	athl.	5	20
	leptos.	11	3

Umgekehrt sind bei den bathytonen Jugendlichen bemerkenswert viele leptosome Formen. Die Unterschiede sind hier aber weniger kraß als bei den Reifevarianten. Auch haben wir unter den bathytonen Mädchen eine ganze Anzahl
Pyknikerinnen (vgl. Tab. 49).

d) Soziologische Aussagen über die Gruppen der Extremvarianten

Von Beginn an wurde in unserer Arbeitsgemeinschaft dem Bestreben Rech-
nung getragen, in den Ergebnissen auch die Umwelt der Kinder berücksichtigen zu können. Dank dieser umfassenden Erhebungen sind wir nun in der
Lage, den soziologischen Status beider Blutdruck-Gruppen zu untersuchen.

Unter anderem interessierten wir uns für die in Tab. 50 zusammengestellten
Punkte, über deren Verhalten beim Kollektiv die Darstellung in der Arbeit
Ronge[58] zu erwähnen ist. Die Besprechung etwaiger Geschlechtsdifferenzen
erfolgt wieder im Text.

Für den Vergleich der Allgemein-Situation gibt A. Ronge folgende Prozent-
zahlen beim gesamten Kollektiv (1955):

Soziale Lage	
Bedürftig bis ungünstig	9,8
Herkunft der Familie	
Einheimische	68,8
Freiwillig Zugezogene	16,2
Wohnortstruktur	
Stadtrand	43,8
Stadtmitte	36,8
Zusammenhalt der Familie	
Zusammengehalten und aufgelöst	9,2
Geordnet	82,4

Wegen der Vergleichsmöglichkeit haben auch wir in Tab. 50 für diese 4 Punkte die Angaben des Jahres 1955 benutzt.

Bei der bathytonen Gruppe sind demnach im Verhältnis zum Kollektiv überdurchschnittlich viele sozial Bedürftige, weniger Einheimische, mehr freiwillig
Zugezogene, mehr Kinder aus gestörten Familien. Gegensinnig – dies jedoch
noch eindeutiger – liegen die Verhältnisse bei den Hypselotonen. Für die
Schulangaben nahmen wir die Daten von 1959, dem letzten Jahr, in welchem
noch alle unsere Probanden schulpflichtig waren.

Ein verschiedener Anteil der Geschlechter ist nur hinsichtlich der Schulsituation zu besprechen. Hier haben wir unter den Sitzenbleibern der bathy-

100

tonen Gruppe 14 Knaben und 4 Mädchen, bei den Hypselotonen 9 und 8; die
vier gescheiterten Oberschüler sind sämtlich Jungen. – Mehrmals sitzenge-
blieben sind nur Probanden der bathytonen Gruppe (sie erscheinen hier aber
nicht doppelt).

*Tabelle 50. Soziologische Aussagen über die Bathytonie- und Hypselotonie-
Gruppe. Absolute Zahlen.*

	Bathytone N = 70	Hypselotone N = 94
Soziale Lage		
Bedürftig bis ungünstig	10	2
Herkunft der Familie		
Einheimische	41	72
Freiwillig Zugezogene	16	13
Wohnortstruktur		
Stadtrand	32	65
Stadtmitte	29	23
Unehelich	12	7
Zusammenhalt der Familie		
Zusammengehaltene und aufgelöste	8	5
Geordnete	60	86
Schulsituation		
Ein- oder mehrmals sitzengeblieben	18	17
Gescheiterter Oberschulversuch	4	0
Schulart		
Volksschule	46	30
Hilfsschule	1	0
Mittelschule	6	18
Oberschule	16	45
Berufsgruppe und Stellung des Vaters	siehe Text	

Was den Beruf des Vaters und seine Stellung im Beruf angeht, so ist die Auf-
splitterung in die verschiedenen Möglichkeiten sehr groß. Ein allgemeiner
Trend zeichnet sich dennoch ab, der mit den bereits in Tabelle 50 angeführten
soziologischen Daten übereinstimmt. In der Bathytoniegruppe sind relativ
mehr Väter Hilfsarbeiter, aber weniger Facharbeiter und Angestellte. Unter den

Beamten sind bei den Hypselotonen mehr solche des höheren Dienstes. Selbständige aber sind in beiden Gruppen in dem gleichen Anteil von 21% vorhanden. In einem kaufmännischen Beruf sind 14,5% der Väter bathytoner Probanden, 28% der Väter der Hypselotonen.

Die Angaben der beiden senkrechten Spalten in Tab. 50 machen manchmal einen fast reziproken Eindruck. Bedenkt man jedoch, daß sie aus lauter Einzelangaben erhoben wurden und das Auslese-Kriterium lediglich eine Angabe über die Blutdruckhöhe war, so überraschen sie doch sehr und müssen nachdenklich stimmen. Die Beziehung, die sich hier zwischen Blutdruckhöhe resp. Kreislaufverhalten und Schulsituation andeutet, ist selbstverständlich nur eine Gruppenaussage, wie denn statistische Ergebnisse nie bindend sind für den Einzelfall. Es wäre jedoch interessant zu klären, wieweit orthostatische Symptome einem indolenten Kinde überhaupt zum Bewußtsein kommen bzw. seinen Eltern auffallen, ferner wieweit Bathytonie mit eine Ursache für Indolenz sein kann. Sicher erschweren diese beiden Eigenschaften den Schulerfolg und führen u. U. zu voreiligem Aufgeben in der Pubertät, so daß prophylaktisch-therapeutische Maßnahmen angezeigt sind.

D) Gesamtbesprechung

Gesetzmäßigkeiten im Verhalten des kindlichen Kreislaufs.
Physiologische und soziologische Bedeutung der Ergebnisse

Es wird über das Verhalten von Blutdruck und Pulsfrequenz im Längsschnitt von 10 bis 16 Jahren bei einem großen auslesefreien Kollektiv berichtet. Ziel der Arbeit war es, Parameter für Ruhe und Funktion sowohl bei Knaben wie bei Mädchen zu schaffen.

Auf dem Hintergrund dieser Parameter werden Untergruppen des gleichen Kollektivs ebenfalls in Ruhe und Funktion miteinander verglichen. Zwei davon sind nach sonstigen somatischen Qualitäten ausgesucht, nämlich nach Reifetermin bzw. Habitusform, die dritte nach ständiger Zugehörigkeit zu niedrigen bzw. hohen Blutdruckwerten.

Die gegenseitigen Wechselbeziehungen dieser drei Qualitäten bei den drei Untergruppen werden berücksichtigt.

Die Auswertung großer Zahlenreihen und der Vergleich mit sonstigen Eigenschaften der Probanden wurde weitgehend durch Lochkartenbearbeitung ermöglicht. Für die Verarbeitung der Kreislaufdaten bei Funktionsprüfung wurde die Lochkartenmethode innerhalb der Wiss.-Arbeitsgemeinschaft für Jugendkunde erstmalig entwickelt und hat ihre Brauchbarkeit bereits in dieser ersten Arbeit bewiesen, obwohl ihre Möglichkeiten nur beschränkt ausgenutzt werden konnten. Die Wertung einer individuellen Schellong-Kurve ist ganz wesentlich erleichtert worden, ebenso die Längsschnittbeurteilung individueller Werte.

Im Anhang ist die Streubreite zwischen Perzentil 20 und Perzentil 80 der Schellongwerte für jede Altersgruppe der Knaben und Mädchen in Tab. 51 u. 52 angeführt, so daß künftig Einzelergebnisse mit minimalem Zeitaufwand verglichen werden können.

Die Notwendigkeit, wenigstens in der Pubertät Knaben- und Mädchenwerte getrennt zu beurteilen, wird durch die Ergebnisse dokumentiert.

Ganz allgemein haben wir uns bemüht, die Tatsachen festzustellen. An Ergebnissen daraus können wir im Einzelnen zusammenfassen:

Der systolische *Ruhe*blutdruck bei Knaben und Mädchen zwischen 10 und 16 Jahren verteilt sich bei den mittleren 90% des Kollektivs über einen Streubereich, der mit dem Alter angehoben wird, die Distanz seiner Grenzwerte dabei auf der Höhe der Pubertät etwas stärker ausweitet, im Übrigen aber keine großen Schwankungen zeigt und nur bei den Knaben nennenswert breiter wird. Die Individualwerte gehören zu einem hohen Prozentsatz im Längsschnitt zu gleichbleibenden Perzentilbereichen dieser Streuung. Die durchschnittlichen Mädchenwerte liegen zunächst über den Knabenwerten, ab 13 Jahren kreuzen die Knabenkurven diejenigen der Mädchen und steigen weiter an. Die diastolischen Blutdruckwerte beider Geschlechter liegen näher beieinander. Der Rückgang der Pulsfrequenz bei fortschreitendem Alter ist geringer, als in der Literatur sonst berichtet wird.

Die Blutdruckamplitude ist in der Ruhe bei den Knaben ab 13 Jahren größer als bei den Mädchen.

Während des *Stehversuchs* bleibt der Wert des systol. Blutdrucks bei beiden Geschlechtern nahezu ebenso hoch wie in der Ruhe, während der diastolische Blutdruck bei beiden ansteigt, bei den älteren Knaben etwas stärker als bei den älteren Mädchen. Die Stehamplitude ist bei über 80% aller Knaben und Mädchen nach 8 Minuten noch weiter als 20 mmHg. Die Unterschiede in der absoluten Amplitudenweite beider Geschlechter sind geringer als bei den Ruhewerten. Berücksichtigt man jedoch die relative Verengerung im Verhältnis zur durchschnittlichen Ruheamplitude, so tritt die starke Abweichung von dieser bei den Mädchen in früherem Alter auf als bei den Knaben, dürfte also als Pubertätsphänomen zu werten sein. Der Unterschied zwischen der größten und kleinsten Stehamplitude wird zumindest zwischen 11 und 14 Jahren zunehmend größer, bei den Mädchen noch mehr als bei den Knaben.

Die Pulsfrequenz während des Stehens steigt bei beiden Geschlechtern mit dem Älterwerden an.

Gleich nach *Belastung* ist der systolische Blutdruck bei den Knaben in allen unseren Altersklassen niedriger als bei den Mädchen, welche hier in allen Beobachtungsjahren weitere Amplituden haben als die Knaben.

Bei den Gruppen mit höherem Ruheblutdruck sind relativ viele Frühentwickler. Diese erreichen nach Belastung früher höhere Durchschnittswerte als die Gruppen mit niedriger Ausgangslage. Die Entwicklung der durchschnittlichen Blutdruckhöhe nach Belastung zeigt damit geschlechts- und reifungsspezifisches Verhalten.

Der Puls nach Belastung liegt bei den Knaben immer unterhalb ihrer durchschnittlichen Stehpulsfrequenz und bleibt von 10 bis 16 Jahren etwa gleich hoch. Der Arbeitspuls der Mädchen liegt dagegen immer über ihren Stehwerten und steigt noch stärker als diese im Beobachtungszeitraum an, vor allem bei den Frühentwickelten.

Der *geschlechtsspezifische Unterschied* von Blutdruck und Puls in jeder Altersgruppe sowie im Längsschnittverlauf ist bei allen Untergruppen und allen Einzelfaktoren immer erhalten, d.h. die Gruppenunterschiede liegen immer im allgemeinen Trend der Knaben- bzw. Mädchenwerte. Der Anstieg des systolischen Ruheblutdrucks von kindlichen zu jugendlichen Werten ist in seinem zeitlichen Verlauf eindeutig vom *Reife*faktor abhängig. Diese Abhängigkeit zeigt sich beim Blutdruckwert gleich nach Belastung noch ausgeprägter. Beim diastolischen Blutdruck ist der Reifefaktor im Wesentlichen für den Anstieg während eines Stehversuchs von Belang.

Das hat zur Folge, daß über die ganze Pubertät hin bei beiden Geschlechtern die Spätentwickler kleinere Blutdruckamplituden haben sowohl in der Ruhe, als auch im Stehversuch und nach der Belastung. Erst mit etwa 16 Jahre gleichen sie dies aus. Bei den frühentwickelten Mädchen verringert sich in der Beobachtungszeit die durchschnittliche Weite ihrer Stehamplitude, während sie sich bei den Spätentwickelten — durch den späteren Anstieg des systolischen Blutdrucks — im gleichen Zeitraum vergrößert.

Die Pulsfrequenz liegt bei den Frühentwickelten etwas höher als bei den Spätentwicklern.

Während der Pubertät sind also relativ hohe systolische Blutdruckwerte, weite Amplituden und eine gewisse Tachykardieneigung für Frühentwickelte typisch, und es erscheint einleuchtend, daß hiermit unterschiedliche Leistungsfähigkeit und Reagibilität verbunden sind im Verhältnis zu den Spätentwicklern, die ein gegensätzliches Verhalten der Durchschnittswerte zeigen. Die Unterschiede sind jedoch eindeutig geringer als zwischen den Extremvarianten des Blutdrucks.

Dieser Unterschied zwischen Früh- und Spätentwickelten im Blutdruckverhalten ist ähnlich dem generellen Unterschied zwischen Mädchen und Knaben. Beim Pulsverhalten besteht solche Ähnlichkeit nicht.

Bei den Jugendlichen von *verschiedenem Habitus-Typ* fanden wir keine sehr ausgeprägten Unterschiede der Knaben oder Mädchen zum Verhalten beider Kollektive. In der Ruhe haben leptosome Typen kleinere Amplituden. Die Pulsfrequenz im Stehversuch ist gegensätzlich zwischen Athletikern und Pyknikern einerseits und Leptosomen andererseits derart, daß Athletiker und Pykniker niedrigere Durchschnittswerte zeigen als das Kollektiv, Leptosome jedoch höhere. Der Belastungspuls ist bei pyknischen Knaben und Mädchen am höchsten.

Innerhalb sowohl der Knaben- wie auch der Mädchengruppe ist *während der Pubertät* für die Längsschnittentwicklung des Blutdruckverhaltens der *Reifefaktor wesentlicher als der Habitustyp*. Bei der Pulsfrequenz finden wir bei

Reife- bzw. Habitustypen gegensätzliches Verhalten der Durchschnittswerte, so ist z. B. der Blutdruck bei Athletikern und bei Frühentwickelten höher als beim Kollektiv, die Pulsfrequenz bei athletischen Typen jedoch niedrig, bei Frühentwickelten relativ hoch.

Für den *oberen und unteren Bereich in der Streuung des systolischen Ruheblutdrucks* setzten wir als Begrenzung jeweils den Perzentilwert P_{80} bzw. P_{20}. Wir enthalten uns dabei jeder Aussage über eine eventuelle pathognomonische Bedeutung dieser Grenzwerte.

Eine beträchtliche Anzahl der Jugendlichen gehörte in jedem einzelnen Untersuchungsjahr zu der Perzentilgruppe $P_0 - P_{20}$, bzw. $P_{80} - P_{100}$. Sie wurden zunächst als Extremvarianten bezeichnet. Die Durchschnittswerte beider Gruppen in der Grundschulzeit liegen bereits ebensoweit auseinander, so daß eine 10 Jahre dauernde bereits im Alter von 6 bis 7 Jahren vorhandene Zugehörigkeit zu besonders niedrigen resp. besonders hohen Blutdruckwerten nachgewiesen wird, die mithin individuell endogen festgelegt sein dürfte.

Da wir hiermit, wie gesagt, keine pathophysiologische Wertung verbinden wollen, haben wir die klinischen Ausdrücke Hypotonie und Hypertonie vermieden und sprechen von Bathytonie bzw. Hypselotonie, jeweils im Hinblick auf den systolischen Ruheblutdruck*.

Vergleichen wir jedoch das Verhalten beider Gruppen sowohl bei den Knaben wie bei den Mädchen in allen Qualitäten unserer Schellongprüfung durch die 6 Beobachtungsjahre, so haben wir auch hier gegensätzliche Ergebnisse: die Bathytonen haben auch einen niedrigen diastolischen Blutdruck, dazu engere Amplituden und nur eine mittlere bis relativ bradykarde Pulsfrequenz. Die Hypselotonen verbinden einen ebenfalls relativ hohen diastolischen Blutdruck dennoch mit weiteren Amplituden und zeigen eine relative Tachykardie.

Ein Vergleich der sonstigen Eigenschaften beider Gruppen zeigte, daß bei den Hypselotonen niemals schlechter Allgemeinzustand vorhanden war, bei den Bathytonen ebenso oft guter Allgemeinzustand wie schlechter Allgemeinzustand. Die Hypselotonen sind im Durchschnitt größer, vor allem die Knaben, sehr selten haben wir bei ihnen orthostatische Befunde, relativ häufig dagegen bei den Bathytonen. Vegetative Übererregbarkeit tritt vermehrt bei den Hypselotonen auf, Kinderfehler wie Nagelkauen, Einnässen etc. häufiger bei den Bathytonen. Die soziologische und die Schulsituation ist im Durchschnitt ebenfalls gegensätzlich zuungunsten der Bathytonie-Gruppe.

---

*) Bathytonie = niedrige Blutdrucklage, und nicht Hypotonie = Unterdruck. Hypselotonie = hohe Blutdrucklage, und nicht Hypertonie = Überdruck.

Welche *physiologischen und soziologischen Folgerungen* können wir aus diesen Ergebnissen ableiten:

Es wurde schon hervorgehoben, daß man im Individualfall nur nach klinischer Abklärung von sicher pathologischen Blutdruckwerten sprechen sollte. Der Nachweis einer hypselotonen oder bathytonen Blutdruckveranlagung im Einzelfall kann aber doch wesentliche Folgen haben. Vielleicht sollte man, von Sonderfällen abgesehen, die hypselotonen Jugendlichen nicht in nervlich besonders belastende Berufe führen und sie jedenfalls früh zu überlegter Freizeit- und Urlaubsgestaltung resp. vernünftiger Ernährungsweise bringen, wie man andererseits die Kinder mit besonders niedrigem Blutdruck vermehrt in Erholungskuren mit sportlicher Übungstherapie schicken sollte.

Diese Folgerungen erscheinen uns bereits aus unseren Ergebnissen genügend begründet. Eine andere Frage kann jedoch nur klinisch geklärt werden, wieweit etwa bei einer akuten Glomerulonephritis ein akuter „individueller Hypertonus" festgestellt werden kann bzw. prognostisch bedeutsam ist, oder ob ein Anstieg zu absolut überhöhten Blutdruckwerten im späteren Alter für Hypselotone die gleiche pathophysiologische Bedeutung hat wie für Normo- oder Bathytone, und ähnliche Fragestellungen.

Eine weitere physiologische Folgerung erscheint uns ebenfalls aus unseren Ergebnissen begründet, nämlich Mädchen zwischen 11 und 14 Jahren körperlich nicht zu überanstrengen, da die sehr großen Belastungsamplituden auf eine besondere Labilität dieser Altersstufe schließen lassen.

Wenn auch nochmals zu betonen ist, daß unsere Ergebnisse für den Einzelfall nur im Bewußtsein ihrer Durchschnittsbedeutung zu werten sind, so ist es uns wohl doch gelungen, an den großen Zahlen, also durch Abstraktion der Milieu- und Individualfaktoren, das Prinzip der Kreislaufsituation bei den verschiedenen Gruppen einer Klärung näher zu bringen.

Für den Einzelfall zeigte sich bei unserem großen Kollektiv, daß keines der untersuchten Gruppenphänomene so wesentlich ist, daß es die individuelle Blutdrucklage zwingend beeinflußt. Vielmehr gehört die systolische Blutdruckhöhe charakteristisch zur Persönlichkeit und sollte daher bei einer Befunderhebung festgehalten werden wie Größe, Gewicht oder Beruf.

Die erarbeiteten Vergleichswerte für Blutdruck und Puls im Reifealter ergeben sichere Maßstäbe für die Beurteilung dieser Kreislaufdaten bei Jugendlichen, wie sie z. B für die ärztliche Begutachtung im Jugendarbeitsschutzgesetz von 1960 notwendig sind.

Literatur

auf die im Text Bezug genommen ist

1. *Benjamin, K. M.:* Wuchsform und Blutkreislauf, Helv. paediat. Acta, Ser. C. 11, 24—44, (1956)
2. *Boenecke, I.:* Tätigkeitsbericht über die ärztliche Betreuung der weiblichen Berufsschuljugend in Düsseldorf, Ärztl. Mitt. (Köln), 2306—2309 u. 2365—2371 (1963)
3. *Budelmann, G.:* In der Praxis mögliche Untersuchungsmethoden des Kreislaufsystems, Med. Klin. 52, 715—719 (1957)
4. *Coerper, C., Hagen, W., Thomae, H.:* Deutsche Nachkriegskinder, Stuttgart: Thieme, 1954
5. *Dautova, K. V.:* Zum Problem des Blutdrucks bei gesunden Kindern im Schulalter, VOPROSY PEDIATRII OHRANY MATERINSTVA I DETSTVA, Moskva, 21, 29—35, (1953) (Übersetzung aus dem Russischen)
6. *Delius, L.:* Beiträge zur pathologischen Physiologie und Klinik beginnender Herz- und Kreislaufstörungen, Arch. Kreisl.-Forsch., 11,1 (1942) (zitiert bei (28))
7. *Dudel, H.:* Sportliche Leistungen 10—14jähriger Jugendlicher und ihre körperliche, seelische und soziale Struktur, Wissenschaftliche Jugendkunde, Heft 10, München: J. A. Barth, 1965
8. *Fessard, A. B., Fessard, A., Kowarski, D., Laugier, H.:* Action de l'exercice physique sur la pression artérielle chez l'enfant: Evolution avec l'âge, Trav. hum., 2, 157—185 (1934) (ref. in: Zbl. ges. Kinderheilk., 30, 57 (1935))
9. *Gauer, O. H.:* Schwerkraft und Mensch, Bild der Wissenschaft, 1, 28—35 Stuttgart: Deutsche Verlagsanstalt (1964)
10. *Geigy:* Wissenschaftliche Tabellen, 6. Aufl., Basel: Geigy, 1960
11. *Genz, H., Stolowsky, R. B.:* Zur Diagnose und Therapie der orthostatischen Kreislaufstörung im Kindesalter, Dtsch. med. Wschr., 81, 407—411 (1956)
12. *Graser, F., Nell, E.:* Die postinfektiösen Kreislaufstörungen im Kindesalter, Mschr. Kinderheilk., 100, 332—335 (1952)
13. *Grosse-Brockhoff, F., Effert, S.:* Herz- und Gefäßkrankheiten, 732—924, in: Dennig, Lehrbuch d. Inneren Medizin. 6. Aufl., Stuttgart: Thieme, 1964
14. *Hagen, W.:* 10 Jahre Nachkriegskinder, Wissenschaftliche Jugendkunde, Heft 1, München: J. A. Barth, 1962
15. *Hagen, W.:* Konstitutionsuntersuchungen bei Kindern, Z. menschl. Vererb.- u. Konstit.-Lehre, 37, 486—498 (1964)
16. *Hagen, W.:* Wachstum und Entwicklung von Schulkindern im Bild, München: J. A. Barth, 1964
17. *Hagen, W., Paschlau, G. u. R.:* Wachstum und Gestalt, Stuttgart: Thieme, 1961
18. *Hagen, W., Thomae, H., Mansfeld, E., Mathey, F. J.:* Jugendliche in der Berufsbewährung, Stuttgart: Thieme, 1958
19. *Hahn, L.:* The Relation of Blood Pressure to Weight, Height and Body Surface Area in Schoolboys aged 11 to 15 Years, Arch. Dis. Childh., 27, 43—53 (1952)
20. *Heddäus, J.:* Erfahrungen in der Behandlung der Hypotonie, Ärztl. Prax., 8, 13, (1956)
21. *Heidler von Heilborn, H.:* Untersuchungen zum Accelerationsproblem an 12jährigen böhmischen Mädchen Prags, Z. menschl. Vererb.- u. Konstit.-Lehre, 30, 91—104, (1950)
22. *Heinemann, L. G.:* Die Abhängigkeit des auskultatorisch gemessenen Blutdrucks von Gliedmaßenumfang und Körpergewicht, Z. Kreisl.-Forsch., 51, 504—514 (1962)
23. *Hellbrügge, Th., Rutenfranz, J., Graf, O.:* Gesundheit und Leistungsfähigkeit im Kindes- und Jugendalter, Stuttgart: Thieme, 1960
24. *Hettinger, Th., Rodahl, K.:* Ein modifizierter Stufentest zur Messung der Belastungsfähigkeit des Kreislaufs, Dtsch. med. Wschr., 85, 553—557 (1960)

25. *Hoff, F.:* Klinische Physiologie und Pathologie, 6. Aufl., Stuttgart: Thieme, 1962
26. *Iliff, A., Lee, V. A.:* Pulse Rate, Respiratory Rate and Body Temperature of Children between 2 Months and 18 Years of Age, Child Develop., 23, 237—245 (1952) (zitiert bei (73))
27. *Josenhans, W.:* Über die Bedeutung der Blutdruckmessung bei Jugendlichen, Sportmedizin, 6, 14—16 (1955)
28. *Kirchhoff, H. W.:* Über den kindlichen Kreislauf, Ergebn. inn. Med. Kinderheilk., 5, 156—218 (1954)

29. *Kirchhoff, H. W.:* Ein kombiniertes Untersuchungsverfahren zur Beurteilung der Leistungsfähigkeit des Kindes, Ann. Univ. sarav. Med., 5, 83—125 (1957)
30. *Kirchhoff, H. W.:* Untersuchungen über die Kreislaufregulation des Kindes und Jugendlichen, Ärztl. Jugendkunde, 52, 129—158 (1960)
31. *Kirschsieper, H. M.:* Über indirekte Blutdruckmessung am Menschen; der Einfluß des Umfanges der Meßstelle, Z. Kinderheilk., 71, 422—431 (1952)
32. *Kirschsieper, H. M.:* Über Blutdruck und Blutdruckbestimmungen, Fortschr. Med., 82, 472—474 (1964)

33. *Klinke, K.:* Funktionelle Störungen im Kindesalter unter besonderer Berücksichtigung des Schulalters, Hippokrates, 27, 771—774 (1956)
34. *Knipping, H. W., Bolt, W., Valentin, H., Venrath, H.:* Untersuchung und Beurteilung des Herzkranken, Stuttgart: Enke, 1955
35. *Köttgen, U.:* Zur Untersuchung und Behandlung kindlicher Kreislaufschäden in der Praxis, Ther. d. Gegenw., 98, 80—87 (1959)
36. *Köttgen, U., Bolt, W.:* Kreislauf, in Brock: Biologische Daten für den Kinderarzt, 352—408, Berlin: Springer, 1954

37. *Kohn, R., Benyo, D.:* Blutdruckseitendifferenz an den oberen Extremitäten, Schweiz. med. Wschr., 91, 1001—1002 (1961)
38. *Lang, K.:* Statistisch vergleichende Studie an jährlich wiederholten Kreislauffunktionsproben bei gesunden Kindern von 10—15 Jahren, Wissenschaftliche Jugendkunde, Heft 3, München: J. A. Barth, 1962
39. *Lippross, O.:* Die Untersuchung und Beurteilung Jugendlicher, Köln-Berlin, Deutscher Ärzteverlag, 1963
40. *Lyon, R. A.:* In Mitchell-Nelson, Textbook of Pediatrics, Philadelphia & London: Saunders Comp., 1959 (zitiert bei (36) u. (59))
41. *Mansfeld, E.:* Die Wachstumsbewegung der Schuljugend, Bundesgesundheitsblatt, 203—205 (1961)
42. *Mansfeld, E.:* Die Beurteilung der Reifeentwicklung im Schulalter, Öff. Gesundh.-Dienst, 25, 80—88 (1963)
43. *Mansfeld, E., u. G.:* Veränderungen der Kreislaufregulation in der Pubertät, Öff. Gesundh.-Dienst, 25, 571—582 (1963)
44. *Mansfeld, G.:* Kreislauffunktionsprüfungen im Schulalter unter einfachen Bedingungen, Verh. dtsch. Ges. Kreisl.-Forsch., 24. Tgg., 266—269 (1958)
45. *Mansfeld, G.:* Über den Blutdruck gesunder Kinder im Grundschulalter, Z. Kreisl.-Forsch., 47, 215—218 (1958)
46. *Mansfeld, G.:* Kreislaufuntersuchungen bei den gleichen Kindern im Verlauf von acht Jahren, in: Wissenschaftliche Jugendkunde, Heft 3, München: J. A. Barth, 1962
47. *Matthes, K.:* Kreislaufuntersuchungen am Menschen mit fortlaufend registrierenden Methoden, Stuttgart: Thieme, 1951
48. *Master, A. M., Dublin, L. J., Marks, H. H.:* Normal Blood Pressure Range and its Clinical Implications, J. Amer. med. Ass., 143, 1464—1470 (1950) (zitiert bei (53))
49. *Merz, K.:* Zur Problematik der indirekten Blutdruckmessung in der täglichen Praxis, Med. Mschr., 16, 379—382 (1962)
50. *Neumann, H., Boeder, K. J.:* Funktionsprüfungen in der Herz-Kreislauf-Diagnostik, 2. Aufl., Berlin: Walter de Gruyter & Co., 1963

51. *Nöcker, J.:* Sportärztliche Untersuchungsmethodik, in: Arnold, Lehrbuch der Sportmedizin, 20—58, Leipzig: J. A. Barth, 1956
52. *Oehme, C.:* Krankhafte Störungen der Nierenfunktion (Abschn. Hochdruck), in: Schwiegk, H. u. Jores, A.: Lehrbuch d. Inn. Medizin, Bd. 2, Berlin, Göttingen, Heidelberg: Springer, 1949
53. *Pickering, G. W.:* High Blood Pressure, London: Churchill, 1955
54. *Pickering, G. W.:* The Nature of Essential Hypertension, London: Churchill, 1961
55. *Reindell, H.:* Herz Kreislaufkrankheiten und Sport, München: J. A. Barth, 1960
56. *Reindell, H., Klepzig, H.:* Krankheiten des Herzens und der Gefäße, in: Heilmeyer, Lehrbuch d. Inn. Medizin, 2. Aufl., Berlin: Springer, 1961
57. *Robinow, M., Hamilton, W. F., Woodbury, R. A., Volpitto, P.P.:* Accuracy of Clinical Determinations of Bloodpressure in Children with Values under Normal and Abnormal Conditions, Amer. J. Dis. Child., 58, 102—118, (1939)
58. *Ronge, A.:* Die Umwelt der „Nachkriegskinder" im Jahre 1955, in: Wissenschaftliche Jugendkunde, Heft 1, München: J. A. Barth, 1962
59. *Rutenfranz, J.:* Die Bedeutung von Blutdruck, Pulsfrequenz und Orthostaseversuch für die Beurteilung des Herz-Kreislaufsystems bei Jugendlichen, in: Hellbrügge, Vorsorgeuntersuchungen bei Jugendlichen, Köln, Dtsch. Ärzte-Verlag, 1963
60. *Sainsbury, H.:* The Estimation of Blood Pressure in Childhood with Special Reference to the Choice of Standard Cuffs, Arch. Dis. Childh., 28, 268—270 (1953)
61. *Samarin, G. A., et al.:* Über den Arteriendruck bei Schülern von Pjöngjang, Terapevticeskij Arhiv, Moskva, 29, 69—79 (1957), (Übersetzung aus dem Russischen)
62. *Schaefer, H.:* Einige Probleme der Kreislaufregelung in Hinsicht auf ihre klinische Bedeutung, Münch. med. Wschr., 99, 69—74 u. 107—110 (1957)
63. *Schellong, F.-Lüderitz, B.:* Regulationsprüfung des Kreislaufs, Darmstadt: Steinkopff, 1954
64. *Schmidt-Voigt, I.:* Kreislaufstörungen in der ärztlichen Praxis, Aulendorf: Ed. Cantor, 1951
65. *Schmidt-Voigt, I.:* Herz- und Kreislauffragen im Kindesalter, Dtsch. Gesellschaft für Sozialhygiene, Kongreßbericht, München: J. A. Barth, 1955
66. *Schneider, W., Spranger, J.:* Herz-Kreislauf-Befunde bei adipösen Kindern, Mschr. Kinderheilk., 112, 351—355 (1964)
67. *Schröder, J., Sandhage, K.:* Über Unterschiede von Blutdruck, Körperlänge und -gewicht in Abhängigkeit von der Sozialschicht, Med. Welt, 42, 2157—2159 (1961)
68. *Schwenk, A., Eggers-Hohmann, G., Gensch, F.:* Arterieller Blutdruck, Vasomotorismus und Menarchetermin bei Mädchen im zweiten Lebensjahrzehnt, Arch. Kinderheilk., 150, 235—249 (1955)
69. *Schwiegk, H.:* Krankheiten des Kreislaufs, in: Schwiegk, H. u. Jores, A.: Lehrbuch d. Inn. Medizin, Bd. 1, Berlin, Göttingen, Heidelberg: Springer, 1949
70. *Seham, M., Egerer, Seham, G.:* Physiologie der Arbeit bei Kindern, Amer. J. Dis. Child., 26, 254 (1923) (zitiert bei (28) u. (29))
71. *Shock, N. W.:* The Effekt of Menarche on Basal Physiological Function in Girls, Amer. J. Physiol., 139, 288—292 (1943), und: Basal Blood Pressure and Pulse Rate in Adolescents, Amer. J. Dis. Child., 68, 16—22 (1944) (zitiert bei (73))
72. *Sundal, A.:* Der normale Blutdruck im Alter von 3—20 Jahren, Z. Kinderheilk., 47, 742 (1929) (zitiert bei: (28) u. (36))
73. *Tanner, J. M.:* Wachstum und Reifung des Menschen, 2. Aufl., Stuttgart: Thieme, 1962
74. *Tanner, J. M.:* The Assessment of Growth and Development in Children, Arch. Dis. Childh., 27, 10—33, (1952)
75. *Thiele, H.:* Über das Verhalten des Kreislaufs von gesunden Kindern im Liegen, Stehen und nach Belastung, Dissertation Kinderklinik Mainz (Dir. Prof. Dr. U. Köttgen) (1952)
76. *Wezler, K., Böger, A.:* Wachstum und Altern im Kreislauf, Klin. Wschr., 15, 257—260, (1936)

(Vorstehendes Literaturverzeichnis ist eine Auswahl der für das Thema wichtigen Arbeiten; Ergänzungsliteratur kann beim Verfasser angefordert werden.)

Tabelle 51

Grenzwerte für Blutdruck und Puls

Alter		in Ruhe		nach 4 Min. Stehen		nach 8 Min. Stehen		nach Belastung	
Jahre		niedrig	hoch	niedrig	hoch	niedrig	hoch	niedrig	hoch
10	S	98	113	98	112	96	111	113	136
	D	59	74	64	77	65	77	51	70
	P	71	88	79	99	81	100	80	105
11	S	99	115	98	115	97	114	117	138
	D	60	74	66	80	67	81	51	71
	P	72	89	81	102	83	104	81	102
12	S	99	116	99	116	99	115	119	142
	D	61	74	69	83	70	83	56	72
	P	68	87	81	101	83	104	79	103
13	S	103	120	103	122	102	120	124	148
	D	60	74	71	85	71	86	56	72
	P	67	87	82	104	84	106	81	102
14	S	107	126	108	126	106	126	129	158
	D	62	77	73	90	74	90	58	74
	P	67	84	81	103	83	104	80	102
15	S	111	129	109	128	108	127	131	160
	D	61	78	73	92	75	92	56	73
	P	64	84	83	104	84	105	80	100
16	S	110	129	110	127	108	126	131	162
	D	60	78	75	89	76	91	58	74
	P	64	87	83	108	84	108	80	102

Grenzwerte für niedrigen und hohen Blutdruck sowie für niedrige und hohe Pulsfrequenz an den 4 Schellong-Fixpunkten, entsprechend Perzentil 20 und 80 (vgl. Text S. 51).

Die Stellen hinter dem Komma sind ab- bzw. aufgerundet.

S = systolischer Blutdruck, D = diastolischer Blutdruck, P = Puls.

Mädchen

Grenzwerte für Blutdruck und Puls

Alter		in Ruhe		nach 4 Min. Stehen		nach 8 Min. Stehen		nach Belastung	
Jahre		niedrig	hoch	niedrig	hoch	niedrig	hoch	niedrig	hoch
	S	99	114	98	114	96	112	116	141
10	D	60	74	64	77	65	78	50	69
	P	73	94	82	102	84	103	90	114
	S	103	117	98	115	97	113	123	148
11	D	61	76	65	80	66	81	50	69
	P	73	94	85	106	87	108	91	112
	S	101	117	100	117	99	116	125	151
12	D	60	74	69	82	70	83	52	71
	P	72	92	85	105	88	108	88	113
	S	103	121	102	120	101	119	130	159
13	D	61	74	72	85	73	86	52	72
	P	69	90	85	108	87	108	89	119
	S	106	122	104	122	104	121	134	161
14	D	62	77	73	88	74	88	53	71
	P	69	89	84	105	85	105	90	119
	S	107	122	105	123	104	120	134	162
15	D	62	78	73	88	73	89	53	70
	P	70	89	87	107	88	109	92	121
	S	106	122	106	119	102	119	135	164
16	D	64	76	72	86	72	89	58	71
	P	71	91	86	108	89	107	99	123

Grenzwerte für niedrigen und hohen Blutdruck sowie für niedrige und hohe Pulsfrequenz an den 4 Schellong-Fixpunkten, entsprechend Perzentil 20 und 80 (vgl. Text, S. 51).

Die Stellen hinter dem Komma sind ab- bzw. aufgerundet.

S = systolischer Blutdruck, D = diastolischer Blutdruck, P = Puls.